水性建筑涂料
配方与制备

李东光　主编

SHUIXING JIANZHU TULIAO
PEIFANG YU ZHIBEI

化学工业出版社
·北京·

内容提要

本书精选了151种水性建筑涂料制备实例，详细介绍了产品的原料配比、制备方法、应用和特性等，包括抗菌、防霉、隔热、防火等绿色环保型产品，实用性强。

本书可供从事涂料生产、研发、应用等领域的相关人员参考，也可供大中专院校师生参考使用。

图书在版编目（CIP）数据

水性建筑涂料配方与制备 / 李东光主编 .—北京：化学工业出版社，2020.1

ISBN 978-7-122-35888-2

Ⅰ. ①水… Ⅱ. ①李… Ⅲ. ①水性漆—配方②水性漆—制备 Ⅳ. ① TQ637

中国版本图书馆 CIP 数据核字（2019）第 298064 号

责任编辑：张　艳　　　文字编辑：陈　雨

责任校对：栾尚元　　　装帧设计：王晓宇

出版发行：化学工业出版社（北京市东城区青年湖南街 13 号　邮政编码 100011）

印　　刷：北京京华铭诚工贸有限公司

装　　订：三河市振勇印装有限公司

710mm×1000mm　1/16　印张 12¾　字数 256 千字　2020 年 8 月北京第 1 版第 1 次印刷

购书咨询：010-64518888　　售后服务：010-64518899

网　　址：http://www.cip.com.cn

凡购买本书，如有缺损质量问题，本社销售中心负责调换。

定　　价：68.00 元

前言

凡是用水作溶剂或者作分散介质的涂料，都可称为水性涂料。水性涂料在很多行业已有广泛的应用。

水性涂料相对于溶剂性涂料，具有以下特点：

（1）水性涂料以水作溶剂，节省大量资源；水性涂料消除了施工时存在的火灾隐患，降低了对大气的污染；水性涂料仅采用少量低毒性醇醚类有机溶剂，改善了作业环境条件。一般的水性涂料，有机溶剂（占涂料）在10%～15%之间；而阴极电泳涂料，已降至1.2%以下，对降低污染、节省资源，效果显著。

（2）水性涂料在湿表面和潮湿环境中可以直接涂覆施工；水性涂料对材质表面适应性好，涂层附着力强。

（3）水性涂料涂装工具可用水清洗，大大减少清洗溶剂的消耗。

（4）水性涂料电泳涂膜均匀、平整、展平性好；内腔、焊缝、棱角、棱边部位都能涂上一定厚度的涂膜，有很好的防护性；电泳涂膜有极好的耐腐蚀性，厚膜阴极电泳涂层的耐盐雾性最高可达1200h。

水性涂料也存在很多问题，主要有以下几点：

（1）水性涂料对施工过程及材质表面清洁度要求高。因水的表面张力大，污物易使涂膜产生缩孔。

（2）水性涂料对抗强机械作用力的分散稳定性差，输送管道内的流速急剧变化时，分散微粒被压缩成固态微粒，使涂膜产生麻点。因此要求输送管道形状良好，管壁无缺陷。

（3）水性涂料对涂装设备腐蚀性大，需采用防腐蚀衬里或不锈钢材料，设备造价高。水性涂料会腐蚀输送管道，造成金属溶解，使分散微粒析出，涂膜产生麻点，因此要求采用不锈钢管。

（4）烘烤型水性涂料对施工环境条件（温度、湿度）要求较严格，增加了调温、调湿设备的投入，同时也增大了能耗。

（5）水性涂料烘烤能量消耗大。阴极电泳涂料需在180℃烘烤，而乳胶涂料完全干透的时间则很长。

（6）水性涂料中沸点高的有机助溶剂等在烘烤时产生很多油烟，凝结后滴于涂膜表面影响外观。

（7）水性涂料存在耐水性差的问题，使涂料和槽液的稳定性差，涂膜的耐水性差。水性涂料的介质一般都是微碱性，树脂中的酯键易水解而使分子链降解，影响涂料和槽液稳定性及涂膜的性能。

水性涂料虽然存在诸多问题，但通过配方、涂装工艺和设备等几方面技术的不断提高，有些问题通过工艺改进得以避免，有些通过配方本身得以改善和提高。

为了满足市场需求，我们在化学工业出版社的组织下编写了这本《水性建筑涂料配方与制备》，书中收集了151种水性建筑涂料制备实例，详细介绍了产品的原料配比、制备方法、应用和特性等，旨在为水性建筑涂料的发展尽微薄之力。

本书的配方以质量份表示，在配方中有注明以体积份表示的情况下，需注意质量份与体积份的对应关系。例如质量份以g为单位时，对应的体积份单位是mL，质量份以kg为单位时，对应的体积份单位是L，以此类推。

本书由李东光主编，参加编写的还有翟怀凤、李桂芝、吴宪民、吴慧芳、蒋永波、邢胜利、李嘉等。由于编者水平有限，疏漏和不妥之处在所难免，请读者使用过程中发现问题予以指正。主编Email地址为ldguang@163.com。

主编

2020年5月

目 录

二、 室外涂料 / 073

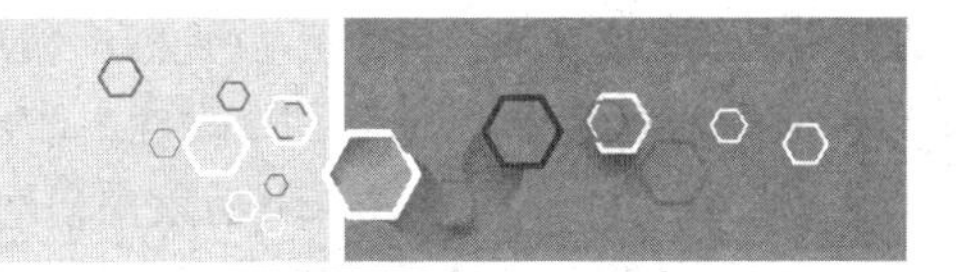

一、室内涂料

配方 1　掺杂纳米二氧化钛的具有杀菌功能的水性涂料

原料配比

原料		配比（质量份）			
		1#	2#	3#	4#
水		480	440	480	480
纳米硅藻土		50	90	120	120
纯丙烯酸酯乳液		50	30	70	70
氢氧化钠溶液		15	15	10	10
碳酸钙		100	80	100	100
纳米银抗菌剂		10	12	15	10
纳米二氧化钛	金红石型纳米二氧化钛	167	225	150	150
	锐钛矿型纳米二氧化钛	83	75	50	50
消泡剂	破泡聚合物	1	1	1	—
	聚硅氧烷	2	2	3	—
助剂	消泡剂	36.8	36	40	40
	成膜剂二乙二醇甲醚	45	34	40	40
	分散剂聚丙烯酸钠盐	3.5	3.5	5.6	5.6
	增稠剂阴离子碱溶胀聚丙烯酸	3.5	3.5	5.6	5.6
	流平剂非离子缔合型聚氨酯	5.6	3.5	4.6	—
	防腐剂异噻唑啉酮	5.6	3.5	4.2	—
	流平剂	—	—	—	4.6
	防腐剂	—	—	—	4.2

制备方法

（1）按质量份配比称取原材料；检查并清洗仪器。

（2）制备纳米硅藻土：将硅藻土先放在马弗炉内煅烧，设置温度为 400 ~

500℃下煅烧2～3h，冷却后放入球磨机中，研磨成200目的颗粒，然后于15%～20%的碳酸溶液中浸泡3～4h改性，取出；再用水洗涤至中性，放入马弗炉内煅烧，800～900℃下煅烧2～3h后取出研磨，制得纳米硅藻土。

（3）在无尘环境下，向原料搅拌缸内加入配方规定量的30%的水，启动搅拌电机，搅拌速度为450～500r/min，搅拌时间为4～6min。

（4）在步骤（3）中加入配方规定量的碳酸钙和配方规定量的30%的水，继续搅拌，搅拌速度为1500～2500r/min，搅拌时间为15～30min，搅拌均匀，得到混合乳液。

（5）将步骤（4）中得到的混合乳液放入反应釜，同时加入助剂、纳米硅藻土和水，其中水的加入量为规定量的40%，搅拌，搅拌速度为1500～2500r/min，搅拌时间为8～13min；打开电加热装置升温，加热至80～100℃；继续搅拌10～20min，然后缓缓滴加规定量的纯丙烯酸酯乳液，滴加时控制温度在80～100℃；滴加完后，继续搅拌10～15min，然后密封反应釜，将反应釜放入干燥箱中，温度控制在80～90℃，反应时间为1～3h。其中，电加热装置由两组加热棒组成，通过温度传感器测得反应釜内的温度，以控制电加热器的其中一组加热棒，从而维持反应釜的温度在合适的范围。

（6）待反应釜降至室温，打开反应釜，滴加氢氧化钠溶液，调节pH值至中性，然后加入纳米银抗菌剂，搅拌均匀，获得掺杂纳米二氧化钛的具有杀菌功能的水性涂料。

原料介绍

所述助剂由消泡剂、防腐剂、流平剂、成膜剂、增稠剂和分散剂组成。

所述纳米二氧化钛为金红石型纳米二氧化钛与锐钛矿型纳米二氧化钛的混合物。其中，金红石型纳米二氧化钛与锐钛矿型纳米二氧化钛的质量比为（2～3）：1。将金红石型和锐钛矿型的纳米二氧化钛混合使用，可以提高纳米二氧化钛的氧化还原能力，提高去污能力。

所述消泡剂为破泡聚合物和聚硅氧烷溶液的混合物或有机硅消泡剂或/和矿物油类。

所述成膜剂为二乙二醇甲醚；所述分散剂为聚丙烯酸钠盐；所述增稠剂为阴离子碱溶胀聚丙烯酸；所述流平剂为非离子缔合型聚氨酯或/和羧甲基纤维素；所述防腐剂为丙酸钠或/和异噻唑啉酮。

产品应用 本品是一种掺杂纳米二氧化钛的具有杀菌功能的水性涂料。

产品特性 通过上述配方，可以获得无毒无害、抗菌性强、附着力强、亮度高的掺杂纳米二氧化钛的具有杀菌功能的水性涂料。本品在可见光或紫外光的作用下具有很强的氧化还原能力，化学性能稳定，能将甲醛、甲苯、二甲苯、氨、氡、TVOC等有害有机物、污染物、臭气、细菌、微生物等彻底分解成无害的CO_2和H_2O，并具有去除污染物、亲水性、自洁性等特性，性能持久，不产生二次污染。纯丙烯酸酯乳液可增强涂料涂布后涂料层的硬度和亮度，使其抗老化，同时降低涂料层的表面张力，提高涂料的可刷性和附着性，还可以提高涂布层的固化速度，节约固化时间；碳酸钙可以与纯丙烯酸酯乳液产生协同作用，降低涂料层的表面张力，提高涂料的可刷性和附着性；硅藻土具有孔隙度大、吸收性强、化学性质稳定、耐磨、耐热等特点，能为涂料提供优异的表面性能，还能增稠以及提高附着力，缩短涂膜的干燥时间。该水性涂料涂布后不含残留的有害小分子物质，且涂布时可以根据需要随时加入水，以调整涂料的黏度。该方法工艺简单，可操作性强，且节约原料、降低成本，对环境零污染。

配方 2 持久抗菌型水性环保涂料

原料配比

原料	配比（质量份）		
	1#	2#	3#
水	24.4	25	18.5
润湿剂 X－4050	0.1	—	—
分散剂 SN－5027	0.3	0.8	—
分散剂 SN－5040	0.8	—	1.3
消泡剂 NXZ	0.15	—	—
消泡剂 F111	—	0.2	—
消泡剂 F830	—	—	0.2
消泡剂 F811	—	—	0.2
pH 调节剂 AMP－95	0.2	—	—
钛白粉 CR－828	15	—	—
钛白粉 2310	—	20	—
钛白粉 828	—	—	16.8
绢云母	—	—	15
高岭土	6	—	—
重质碳酸钙粉	10	7.5	—
滑石粉	10	8.5	—
轻质碳酸钙粉	—	—	6.5
羟乙基纤维素 TF－30000	0.4	—	—
抗菌型苯丙乳液（45%）	28	—	—
抗菌型水性氟树脂（40%）	—	33.5	—
抗菌型聚丙烯酸乳液（45%）	—	—	37.5
成膜助剂醇酯－12	1.25	1.2	1.2
增稠剂 SN－612	0.3	—	—
增稠剂 DSX－3116	—	1.3	1.1
防冻剂丙二醇	3	1.5	1.5
消泡剂 CF－16	0.1	—	—
消泡剂 A10	—	0.3	—
pH 调节剂 AMP－95	—	0.2	0.2

制备方法

(1) 制备水性分散体：按设定的质量比，把水、润湿剂、分散剂、消泡剂混合搅拌均匀，加入颜料、填料，以1300~1800r/min高速搅拌，得一均匀水性分散体；

(2) 把步骤（1）中的水性分散体在搅拌下加入含抗菌基团的树脂乳液中，再加入成膜助剂、增稠剂、防冻剂、pH调节剂，搅拌分散均匀；

(3) 根据需要加入颜料或着色剂；

(4) 补水、消泡，调到规定的黏度，制得持久抗菌型水性环保涂料。

原料介绍

含抗菌基团的树脂乳液选用含有季铵盐抗菌基团的苯丙乳液、含有季铵盐抗菌基团的聚丙烯酸乳液、含有季铵盐抗菌基团的水性氟树脂。

颜料或着色剂选用钛白粉或有机颜料、染料、透明颜料、珠光颜料、多角效应颜料和金属颜料等环保水性色浆中的一种或几种的组合。

填料选用不含重金属的超细滑石粉、重质碳酸钙粉、轻质碳酸钙粉、云母粉、高岭土、沉淀硫酸钡、硅钙粉、硬脂酸中的一种或几种的组合。

增稠剂选用羟乙基纤维素、疏水改性碱溶胀丙烯酸乳液、疏水缔合聚氨酯乳液中的一种或几种的组合。

成膜助剂选用聚乙二醇、醇酯-12、丙二醇苯醚、乙二醇苯醚、二乙二醇丁醚中的一种或几种的组合。

防冻剂选用丙二醇、乙二醇、乙二醇丁醚中的一种或几种的组合。

功能助剂有提高漆膜硬度的增硬剂、降低漆膜光泽的消光剂、提高漆膜的抗划伤的流平剂、改善漆膜手感的增滑剂、防止涂层叠压粘连的抗粘连剂、使涂层具有荷叶效应的疏水剂、增加涂层的耐磨性的耐磨剂、防止户外涂料抗老化和变黄的紫外吸收剂、净化空气的负离子粉添加剂、改变涂料气味的增香剂。

产品应用 本品主要用作建筑涂料。

产品特性 本品不仅具有持久抗菌作用，同时还具有优异的耐水性、耐候性、耐沾污性、抗划伤性、耐溶剂性和储存稳定性。

配方3 发光抗菌水性内墙涂料

原料配比

原料	配比（质量份）		
	1#	2#	3#
苯丙乳液	50	—	—
硅丙乳液	—	48	—
环氧改性丙烯酸乳液	—	—	42
磷酸包覆型铝酸盐长余辉发光材料	10	10	10
硅微粉	9	9	9
钛白粉	11	11	11

续表

原料	配比（质量份）		
	1#	2#	3#
季鏻盐柱撑蒙脱土抗菌填料	5	5	5
分散剂	0.5	0.5	0.5
有机硅消泡剂	1.0	1.0	1.0
增稠剂	1.0	1.0	1.0
流平剂	0.9	0.9	0.9
氨水	0.6	0.6	0.6
水	11	13	19

制备方法

（1）将磷酸、乙醇混合溶液加入铝酸盐长余辉发光材料中，搅拌反应 1h 以上，经过滤、洗涤，得到经磷酸化合物表面处理的铝酸盐长余辉发光材料。

（2）60℃水浴下，在蒙脱土悬浮液中加入十烷基三丁基溴化鏻溶液，在 pH 为中性条件下搅拌 2h 以上，过滤、洗涤，得到季鏻盐柱撑蒙脱土抗菌填料。

（3）将成膜乳液、发光颜料、白色颜填料、蒙脱土填料和助剂按配比混合搅拌，分散均匀，得到发光抗菌水性内墙涂料。

原料介绍

所述成膜乳液为苯丙乳液、硅丙乳液、环氧改性丙烯酸乳液中的一种或几种的混合物。

所述发光颜料为经磷酸化合物表面处理的铝酸盐长余辉发光材料。

所述白色颜填料为钛白粉、滑石粉、硅微粉、碳酸钙中的一种或几种的混合物。

所述蒙脱土填料为季鏻盐柱撑蒙脱土抗菌填料。

所述分散剂为非离子型分散剂；增稠剂为碱溶胀型丙烯酸类共聚物；消泡剂为有机硅类消泡剂；流平剂为有机硅类流平剂；pH 调节剂优选为氨水。

产品应用 本品是一种发光抗菌水性内墙涂料。

产品特性

（1）本品以磷酸化合物处理的铝酸盐长余辉发光材料为发光颜料，不仅实施工艺简单易行，还能克服目前水性发光涂料制备过程中发光颜料在水性涂料中发光强度降低、耐水持久性差、处理工艺繁杂等缺点；

（2）本品加入季鏻盐柱撑蒙脱土作为抗菌填料，具有抗菌防霉效果明显、抗菌效力持久、成本低廉、工艺简单等优点；

（3）本品中铝酸盐长余辉发光材料的磷酸化合物表面处理以及抗菌剂的负载等方法，简单易行，原材料成本低。该涂料可有效用于走廊、医院病房或各种通道的大面积装饰，使传统装饰与应急指示、弱光照明功能得到有效结合，在具有良好发光性能的同时还具有优异的抗菌防霉功能，具有良好的工业化价值和广阔的应用前景。

配方 4 高固体分水性内墙乳胶漆

原料配比

原料	配比（质量份）
SN－5040 分散剂	0.5
PE－100 润湿剂	0.1～1.0
NoPCO309A 消泡剂	0.4
BA01 锐钛矿型钛白粉	8.0
B301 立德粉	21.0
轻质碳酸钙（400 目）	12.0
重质碳酸钙（700 目）	6.0
滑石粉（400 目）	5.0
2－氨基-2－甲基-1－丙醇	0.1
苯丙乳液	18.0
HBR－250 羟乙基纤维素	0.2
SN－612 聚氨酯增稠剂	0.4
SN－636 碱溶胀增稠剂	0.4
Denygant LFM 防腐剂	0.1
醇酯-12	1.0
乙二醇	2.0
水	24.8

制备方法

颜填料分散阶段：依次加入水、助溶剂、润湿剂、分散剂、消泡剂、颜填料，高速分散至颜填料达到规定细度。调漆阶段：低速搅拌下依次加入乳液、成膜助剂、增稠剂，制成合格成品。

原料介绍

分散剂为聚丙烯酸钠、聚胺盐、聚马来酸盐；润湿剂为有机磷酸盐、非离子型表面活性剂；乳液为醋丙乳液、醋叔乳液、苯丙乳液；成膜助剂为醇酯-12、丙二醇苯醚；增稠剂为羟乙基纤维素、碱溶胀型聚丙烯酸、聚氨酯缔合型；防腐剂为异噻唑啉酮；pH 调节剂为 NaOH、2－氨基-2－甲基-1－丙醇；助溶剂为乙二醇、丙二醇。

产品应用 本品用于内墙。

产品特性 本品在颜填料分散阶段，采用分散剂与润湿剂搭配使用，在提高分散浆中填料的百分比的同时，降低浆料黏度，改善流动性，提高流平性能，减少漆中水含量，降低了运输成本。采用几种增稠剂搭配，流变性好，储存时不会出现分层、沉淀，稳定性好。涂刷前兑水 30% 使用，耐水性、耐洗刷性都有较大改善。

配方5 环保型水性纳米涂料

原料配比

原料		配比（质量份）		
		1#	2#	3#
成膜材料	TBH 纯丙乳液	60	—	—
	丙烯酸乳液	—	30	—
	环氧-沥青树脂	—	—	45
填充剂	R930 钛白粉	25	25	—
	滑石粉	—	10	—
	硅灰粉	—	8	—
	铁红粉	—	—	25
	轻质碳酸钙	—	—	5
	膨润土	—	—	5
表面偶联剂	硅烷偶联剂	0.3	—	—
	钛酸酯偶联剂	—	0.1	—
	甲基丙烯酰氧基偶联剂	—	—	0.5
纳米材料	氧化硅纳米材料	5	—	—
	SiO_2纳米材料	—	3	—
	氮化硅纳米材料	—	—	3
乙炔黑		—	—	2
添加剂	丙二醇	4	—	—
	HBR-250	—	8	—
	抗沉降剂	—	—	1
	TFC-5 分散剂	1	1.5	1.5
	TFE-2 润湿剂	0.4	0.5	—
	防腐剂	0.1	0.15	—
	防锈剂	0.3	—	—
	消泡剂	0.2	0.5	—
	阳离子表面活性剂	—	—	0.1
	DM 成膜助剂	2	2-6	4
	TVA-9701 增稠剂	2	4	—
溶剂	水	20	40	30

制备方法 将各组分混合均匀即可。

产品应用 本品可用作内外墙涂料、底层涂料、防腐涂料、家具涂料、地面涂料、装饰涂料。

产品特性 由于在涂料中加入了纳米材料，所得到涂料的耐老化、防渗漏、耐洗刷等性能均得到很大提高，从而提高了涂料的档次，延长了涂膜的使用寿命。特别在配方中加入表面偶联剂后，形成的涂层与基底的附着力大大提高。需要强调的是水性涂料经这样的改性，其成膜后的特性能达到或超过普通油性涂料成膜后的性能。经纳米材料改性后的各种涂料产品，外观显得更加饱满、匀和，涂膜光洁细腻、触感优良、防水性好，与基底材料的黏结力大大提高，尤其明显的是改性后的涂料抗紫外线、耐洗刷性能非常优越。

配方 6　环保型水性仿瓷涂料

原料配比

原料		配比（质量份）	
		1#	2#
A 组分	水性环氧 E44 乳液（固含量 50%）	2.5	2.2
B 组分	水性环氧固化剂 H228	2	—
	水性环氧固化剂 H225	—	2
	钛白粉（金红石型 828）	5.5	0.4
	流平剂 BYK-381	0.04	0.04
	气相白炭黑	0.01	0.01
	水	8	8

制备方法

将 B 组分按照配比称量好后搅拌均匀，然后加入 A 组分，再次进行搅拌，直到均匀后即可用于喷涂。

产品应用　本品是用于内墙装饰的一种环保型水性仿瓷涂料。

使用方法：将 A、B 组分配制好后，使用时，按照质量比为 1:（0.5～8）混合，然后加入 A 组分量 2.5～5 倍水进行稀释，加水量按照施工工艺不同可以调节，然后进行搅拌操作，直到搅拌均匀即可进行施工。喷涂工艺加水量在 4 倍左右，辊涂和刷涂加水量在 2.5 倍左右。

产品特性

（1）本品属于高光泽涂料，在施工性、对比率、耐干擦性能及涂抹外观方面符合现有同类仿瓷涂料的参数要求。采用喷涂工艺时其实干时间方面优于现有同类产品，尤其是在挥发性有机化合物及可溶性铅、可溶性镉、可溶性铬、可溶性汞等重金属含量方面远低于同类产品的允许标准，所得涂膜整体效果好、耐水、耐酸碱、耐冲洗、抗氧化和黄变。

（2）本品由于采用不含有聚乙烯醇缩甲醛、乙二醇醚等含有挥发性有害物的有机材料作为辅助添加剂。因此，不仅在仿瓷涂料的配制工艺及工序上大大地得到了简化，既不需加温，也不需专门的反应釜，而且在施工完成后，装修空间不存在刺激性气味。这样的效果对于已经有人居住的房间的二次装修十分有益。

配方 7 环保型水性涂料

原料配比

原料	配比（质量份）		
	1#	2#	3#
水性丙烯酸树脂	35	40	45
水玻璃	1	2	3
碳酸钙	15	17	20
填料	5	8	10
增塑剂	3	4	5
防腐剂	1	2	3
纯净水	30	35	40

制备方法 将各组分原料混合均匀即可。

原料介绍

所述填料为钛白粉。

所述增塑剂为邻苯二甲酸二丁酯。

所述防腐剂为苯甲酸钠。

所述水性丙烯酸树脂包括丙烯酸树脂乳液、丙烯酸树脂水分散体以及丙烯酸树脂水溶液。丙烯酸树脂乳液主要是由油性烯类单体乳化在水中，在水性自由基引发剂引发合成的；丙烯酸树脂水分散体是通过自由基溶液聚合或逐步溶液聚合等不同的工艺合成的。

产品应用 本品主要适用于住宅、宾馆、会议室等各种建筑的内墙和外墙上。

产品特性 本品是一种环保型水性涂料，采用水性丙烯酸树脂、水玻璃、碳酸钙、填料、增塑剂、防腐剂、纯净水等原料制成。与传统水性涂料相比，上述原料中均不含有甲苯、甲醛和重金属等有害物质。因此，本品具有无毒、无味、无污染性能，采用本品粉饰建筑的内墙和外墙，不仅不会对环境造成污染，而且不会危害人们的健康。综上所述，该环保型水性涂料制备简便、原料易得、性能稳定、环保无污染、装饰效果好，价格低廉，可广泛适用于住宅、宾馆、会议室等各种建筑的内墙和外墙上。

配方 8 甲醛吸附水性环保涂料

原料配比

原料	配比（质量份）	
	1#	2#
苯乙烯-丙烯酸酯树脂液	20	26
纯丙烯酸乳液	22	17
2-咪唑烷酮	13	15
1-(2-羟基乙基)-2-咪唑烷酮	8	12

续表

原料	配比（质量份）	
	1#	2#
聚醚改性聚硅氧烷	8	6
乙酸乙烯酯-乙烯共聚乳液	11	12
纳米活性炭	8	7
纳米二氧化钛	7	9
煅烧高岭土	12	6
负离子添加剂	9	14
月桂酸	3	9
丙三醇	8	6
羟乙基纤维素	3	6
纤维素醚	1	2
丙烯酸酯-苯乙烯-乙酸乙烯三元共聚物	11	13
聚（*N*-异丙基丙烯酰胺）改性氢氧化镁	7	8
水	70	80

制备方法

（1）将所述苯乙烯-丙烯酸酯树脂液、纯丙烯酸乳液、聚醚改性聚硅氧烷、聚（*N*-异丙基丙烯酰胺）改性氢氧化镁加入水中，加热搅拌均匀，保持温度为90～95℃，搅拌速度控制为600r/min，静置4h后冷却至室温，过滤，滤液备用；

（2）按照所述质量份将丙烯酸酯-苯乙烯-乙酸乙烯三元共聚物纳米活性炭、纳米二氧化钛、煅烧高岭土、负离子添加剂送至球磨机，磨至粒径为60～80nm，然后混合搅拌，100～120r/min的速度搅拌40～50min，搅拌均匀得到混合物；

（3）将步骤（2）制得的混合物与羟乙基纤维素、纤维素醚、2-咪唑烷酮、1-(2-羟基乙基)-2-咪唑烷酮、月桂酸、丙三醇加入步骤（1）制得的滤液中，在高速搅拌机作用下混合，搅拌速度控制为500～550r/min，搅拌30～40min后加入乙酸乙烯酯-乙烯共聚乳液，继续以100～150r/min搅拌均匀，静置3～4h，得甲醛吸附水性环保涂料。

原料介绍

所述苯乙烯-丙烯酸酯树脂液固含量为37%～40%。

所述纳米活性炭的粒径为20～50nm。

所述纳米二氧化钛的粒径为30～40nm。

所述煅烧高岭土的规格为1200～1300目。

纤维素醚的型号为MH60001P6。

所述丙烯酸酯-苯乙烯-乙酸乙烯三元共聚物中，按质量比计，丙烯酸酯占42%，苯乙烯占18%，乙酸乙烯占40%，共聚物的重均分子量为80000～100000，并且具有5mgKOH/g的羟基值，平均粒径为0.5～0.8μm。

产品应用 本品主要用于医院、学校、商店、住宅的内墙装饰装修领域。

产品特性 本品具有良好的吸附性能，可清除装修过程或新家具造成的甲醛等有毒气体污染，提高室内空气质量，使新装修的居室尽快达到国家有关标准，而且还具有抗菌防霉、释放负离子、净化空气的作用，有效地降低甲醛污染的同时改善室内空气。同时，丙烯酸酯-苯乙烯-乙酸乙烯三元共聚物是一种环保的水性树脂，且具有优异的阻燃性。进一步地，利用高分子聚合物聚（*N*-异丙基丙烯酰胺）对氢氧化镁进行改性，一方面，聚（*N*-异丙基丙烯酰胺）中含有亲水基团，与氢氧化镁表面的羟基发生作用；另一方面，高分子聚合物中的长链形成空间位阻作用，阻碍了氢氧化镁发生团聚形成粒径较大的粒子。因此，改性后的氢氧化镁具有更好的分散性和相容性，大大提高了涂料的阻燃效果，改善了涂料的综合性能。

配方9 建筑内墙用水性涂料

原料配比

原料	配比（质量份）		
	1#	2#	3#
水性丙烯酸树脂	30	38	45
钛白粉	10	14	17
水性色浆	10	15	20
消泡剂	0.1	0.2	0.3
流平剂	0.1	0.5	1
分散剂	1	2	3
防腐剂	1	2	3
水	30	35	40

制备方法 将各组分原料混合均匀即可。

原料介绍

所述消泡剂为疏水二氧化硅和矿物油的混合物。

所述防腐剂为苯甲酸钠。

产品应用 本品主要用作建筑内墙用水性涂料。

产品特性

（1）本品所述的一种建筑内墙用水性涂料，由水性丙烯酸树脂、钛白粉、水性色浆、消泡剂、流平剂、分散剂、防腐剂、水等原料制成。该新型水性涂料制备简便、原料易得、施工方便，广泛用于建筑涂料的装饰。

（2）由于该水性丙烯酸树脂具有价格低、使用安全、节省资源和能源、减少环境污染和公害等优点；加入钛白粉、水性色浆等，使得该水性涂料具有很好的延伸性能、优异的防水性能，同时提高了涂层的光泽和耐热性能，且环保无污染，使用寿命长。

配方 10　建筑用环保型水性涂料

原料配比

原料	配比（质量份）		
	1#	2#	3#
纯丙烯酸树脂乳液	5	8	10
轻质碳酸钙	30	33	35
立德粉	2	3	4
滑石粉	5	8	10
石膏粉	3	4	5
纯净水	40	45	50
消泡剂	1	2	3

制备方法　将各组分原料混合均匀即可。

原料介绍

所述纯丙烯酸树脂乳液的固含量为55%～57%、黏度为400～1600mPa·s、粒径为0.2～0.4μm。该纯丙烯酸树脂乳液无毒、无刺激，对人体无害，符合环保要求；该树脂是非成膜高光树脂，具有优异的光泽与透明性，抗粘连性能好；因此该原料制成的涂料不含有重金属元素，无毒、环保、使用寿命长；同时，加入立德粉、滑石粉和石膏粉，有效提高了涂层的光泽和耐热性能，易于在常温下施工。

所述消泡剂为磷酸三丁酯、正辛醇、酒精或白酒。可避免该涂料产生太多的泡沫，有效保证质量。

产品应用　本品主要用作宾馆、医院、学校、商店、机关、住宅等公共及民用建筑用的环保型水性涂料。

产品特性　本品所述的是一种建筑用环保型水性涂料，由纯丙烯酸树脂乳液、轻质碳酸钙、立德粉、滑石粉、石膏粉、纯净水、消泡剂等原料组成。与传统水性涂料相比，由于纯丙烯酸树脂乳液具有无毒、无味、优异的光泽与透明性、抗粘连性能好等特点，因此该水性涂料不含有重金属元素，光泽度较高，耐热性能好，无毒环保，使用寿命长。另外，该水性涂料制备简便、原料易得、性能稳定、装饰效果好，能在任何水泥或石灰墙基面上施工，能调配成各种颜色，涂层干燥快，施工方便。

配方 11　长效抗甲醛纳米钛水性涂料

原料配比

原料	配比（质量份）		
	1#	2#	3#
水性聚氨酯树脂	25	—	45

续表

原料	配比（质量份）		
	1#	2#	3#
水性苯丙乳液	—	30	—
钛白粉	—	10	20
1250 目滑石粉	34	18.5	—
粒径不大于 100μm 的竹炭粉	10	8	6
粒径不大于 100nm 的纳米钛	3	2.5	2
助剂	8	6	5
水	20	25	22

制备方法 将各组分混合均匀，然后经过高速分散研磨即可。

原料介绍

本品中成膜基料为水性丙烯酸树脂、水性醇酸树脂、水性聚氨酯树脂或水性苯丙乳液中的一种或多种。

本品中颜料为钛白粉、云母粉或它们的混合物。

本品中填料为滑石粉、重质碳酸钙粉或它们的混合物。

所述竹炭粉的颗粒直径不大于 100μm。

所述纳米钛的颗粒直径不大于 100nm。

所述助剂为分散剂、流平剂、润湿剂、消泡剂、杀菌剂、pH 调节剂、消光剂及增稠剂中的一种或多种。

产品应用 本品主要用于吸附家庭居室中的木器、模板、家具、墙壁等涂料中释放的甲醛。

产品特性 本品中的竹炭粉具有良好的吸附性能，能够将涂料释放出的甲醛吸附，然后再由纳米钛进行分解，从而能有效地降低甲醛污染，改善室内空气。

配方 12 具有自洁、抗霉、灭菌及净化空气作用的水性涂料

原料配比

原料	配比（质量份）					
	1#	2#	3#	4#	5#	6#
环氧有机硅树脂	20	25	24	30	21	28
四氟乙烯-乙烯共聚物乳液	30	24	25	20	28	21
丙二醇丁醚	0.4	0.6	0.8	0.5	0.7	0.9
水	31	35	33	34	32	30
聚丙烯酸盐	0.6	0.5	0.7	0.9	1	0.8
有机硅消泡剂	0.2	0.4	0.6	0.1	0.3	0.5

续表

原料	配比（质量份）					
	1#	2#	3#	4#	5#	6#
丙二醇	1.1	1.3	1.5	1.4	1.2	1
无机颜料	13	15	11	14	10	12
石英粉	8	10	12	11	13	14
抗霉灭菌剂	7.7	7	7.2	7.5	8	7.6

制备方法

按配方称取各组分，将一半量的水加入搅拌釜，线速度15m/s下搅拌2min，将分散剂、消泡剂加入搅拌釜，继续搅拌10min，将颜料、填料、成膜助剂、抗霉灭菌剂加入搅拌釜，线速度27m/s下搅拌40min，直至刮板细度为45～50μm，降低线速度至14m/s，将有机硅树脂、水性氟碳乳液加入，搅拌釜搅拌5min，将流平剂和一半量的水加入搅拌釜，搅拌至分散均匀，得到具有自洁、抗霉、灭菌及净化空气作用的水性涂料。

原料介绍

本品中有机硅树脂为环氧有机硅树脂。

本品中水性氟碳乳液为四氟乙烯-乙烯共聚物乳液。

本品中成膜助剂为丙二醇丁醚。

本品中分散剂为聚丙烯酸盐。

本品中消泡剂为有机硅消泡剂。

本品中流平剂为丙二醇。

本品中颜料为无机颜料。

本品中填料为石英粉或硫酸钡。

本品中抗霉灭菌剂为复合壳炭粉。

产品应用 本品是一种具有自洁、抗霉、灭菌及净化空气作用的水性涂料。

产品特性

（1）有机硅树脂具有很好的疏水特性，可得到光滑均匀的涂膜表面，但是其附着性较差，不能防油；而水性氟碳乳液具有极低的表面能，疏水性和疏油性均非常优异，而且附着性极强。本产品将有机硅树脂和水性氟碳乳液结合起来，得到的涂料可具有很好的疏水性、疏油性和附着性，可产生类荷叶效应，达到很好的自洁性能。

（2）咖啡豆壳、银杏果壳均属于人们日常生活中的废弃物，本品将其粉碎后先通过磷酸浸渍、微波活化，再通过二氧化碳进行二次活化，得到了具有中孔结构的混合壳炭粉，其对霉菌具有较好的抗霉活性。同时有机硅树脂可产生比较致密的涂膜表面，可有效阻挡霉菌的进入，从而有效提高水性涂料的抗霉性能。此外，混合壳炭粉具有负离子活性成分，使用时可产生负离子，对有害气体产生包覆沉降、反应、电流分解等作用，使得水性涂料能够产生净化空气的作用。

（3）银离子具有优异的广谱抑菌效果，本产品通过具有中孔结构的混合壳炭粉和硝酸银、硼氢化钠进行还原复合，将纳米银颗粒负载于混合壳炭粉的孔道中，形成复合抗霉灭菌剂，添加于涂料中，可充分发挥银离子的抑菌效果，从而有效提高水性涂料的灭菌性能。

配方 13 可净化空气的生态型多功能无机水性干粉涂料

原料配比

原料	配比（质量份）
波纹石粉	50～65
超细灰钙粉	15～35
TF-05 粉末增稠剂	0.2～0.5
SN-5040 分散剂	0.1～0.2
P871 成膜助剂	0.2～0.5
羟乙基纤维素	0.6～1.0
AD 防沉剂	0.2～0.8

制备方法 将各组分原料混合均匀即可。

产品应用 本品主要用作净化空气的生态型多功能无机水性干粉涂料。

产品特性 本品所用原料大部分是易得的无机材料，源于自然界，可以循环利用，而且只用水、不用有机溶剂，避免了有机溶剂挥发到大气中造成污染。波纹石粉经活化后，是一种具有释放负离子、吸附和净化空气作用的天然矿石粉；超细灰钙粉能够在较低的成本下赋予涂料优异的防霉抗菌的功能；TF-05 粉末增稠剂是一种纳米级增稠剂，具有不泛白、无降解，在干粉涂料中有最佳增稠定型效果；成膜助剂 P871 能使涂料形成优异连续的涂膜，提高耐擦洗性、附着力，增加机械强度；羟乙基纤维素在干粉涂料中具有优异的保水性能，能有效阻止涂料在施工中出现后增稠现象，AD 防沉剂不需要活化过程，直接采用高速分散就能很好地提高体系的触变指数，具有优异的防沉降性能，有效防止涂料流挂，改善施工性能，提高颜料的分散和稳定性能，提高涂膜的遮盖力、耐老化性能，防止微生物的降解。

配方 14 耐擦洗内墙乳胶涂料

原料配比

原料	配比（质量份）						
	1#	2#	3#	4#	5#	6#	7#
水	21	31.6	10	40	21	21	21
增稠剂（QP4400H 羟乙基纤维素）	—	0.4	—	—	—	—	—
增稠剂（QP15000H 羟乙基纤维素）	—	—	0.2	—	—	—	—

续表

原料	配比（质量份）						
	1#	2#	3#	4#	5#	6#	7#
增稠剂（ER30M 羟乙基纤维素）	0.5	—	—	—	—	—	0.5
增稠剂（非离子型 ACRYSOL RM-5000）	—	—	—	—	—	0.2	—
增稠剂（ACRYSOL RM-6000）	—	—	—	—	—	0.3	—
增稠剂（缔合型聚氨酯 CP-102）	—	—	—	—	0.3	—	—
增稠剂（缔合型聚氨酯 CP-115）	—	—	—	—	—	—	0.2
增稠剂（缔合型聚氨酯 CP-117）	—	—	—	—	—	—	0.3
增稠剂（ER15M 羟乙基纤维素）	—	—	—	1	—	—	—
消泡剂（D734）	0.6	—	—	—	0.6	0.6	0.6
消泡剂（D726）	—	0.8	—	—	—	—	—
消泡剂（D740）	—	—	0.1	—	—	—	—
消泡剂（CD586）	—	—	0.1	1.0	—	—	—
分散剂（Solplus K200）	0.5	—	—	1	0.3	0.5	0.5
分散剂（Solplus K210）	—	0.4	—	—	0.2	—	—
分散剂（Solsperse 39000）	—	—	0.2	—	—	—	—
防霉剂（CFX/3）	0.3	—	0.1	0.4	0.3	0.3	0.3
防霉剂（ROCIMA623）	—	0.2	—	—	—	—	—
防腐剂（DFX/1）	0.2	—	0.1	0.4	0.2	0.2	0.2
防腐剂（ROCIMA320）	—	0.2	—	—	—	—	—
防冻剂（丙二醇）	2	—	—	2	2	2	2
防冻剂（丙三醇）	—	—	1	—	—	—	—
防冻剂（乙二醇）	—	2.5	—	3	—	—	—
锐钛矿型钛白粉	16	12	5	—	16	16	16
金红石型钛白粉	5	4	—	30	5	5	5
重质碳酸钙粉	18	18	5	30	15	18	18
高岭土	5	8	5	18	5	5	5
滑石粉	8	—	—	8	30	8	8
SRF 纳米粉体材料	1	1.2	0.5	1.5	1	1	1

续表

原料	配比（质量份）						
	1#	2#	3#	4#	5#	6#	7#
SUB有机硅系列的低表面能材料	0.8	1	0.5	1.5	0.8	0.8	0.8
有机硅防水剂BS1001	—	—	1.0	0.2	—	—	—
成膜物质（苯乙烯-丙烯酸酯共聚微乳液）	20	—	—	—	20	20	20
成膜助剂（苯丙乳液CZ-9）	—	18.4	15	45	—	—	—
成膜助剂（TEXANOL十二酯醇）	0.6	0.6	0.5	5	0.6	0.6	0.6
流变助剂（CO-2）	—	0.2	—	—	—	—	—
流变助剂（NH-1）	0.4	—	—	—	0.4	0.4	0.4
多功能助剂（AMP-95）	0.1	0.1	—	—	0.1	0.1	0.1

制备方法

（1）按质量份计，将10～40份水、0.2～1份增稠剂、0.1～0.5份消泡剂、0.2～1.0份分散剂、0.2～0.8份防霉防腐剂、1～5份防冻剂、0～0.5份其他助剂混合，在转速小于200r/min的条件下，慢速分散均匀，再加入5～30份颜料、10～50份填料、0.5～1.5份耐擦洗微粒、0.5～1.5份低表面能活性材料，在转速为800～2000r/min的条件下，高速分散30～40min，当色浆细度为45μm以下时，制成色浆；

（2）降低转速，在色浆中依次加入0.1～0.5份消泡剂、15～45份成膜物质，在转速200～500r/min的条件下，中速分散均匀，再加入0.5～5份成膜助剂、0.1～0.5份其他助剂，过滤，即制得耐擦洗内墙乳胶涂料。

产品应用 本品可广泛适用于家庭、宾馆、医院、学校、食品加工厂、娱乐场所等公共场所的室内墙面的装饰。

产品特性

（1）本品引入SUB有机硅系列的低表面能活性材料，涂膜具有疏水疏油特性，可以有效地游离、分解污渍，具备易洗功能；同时，涂膜具有超强耐污功能；

（2）本品引入SRF耐擦洗微粒，使涂膜性能大大提高，耐擦洗次数超过40000次，是普通内墙乳胶漆的10倍以上；

（3）本品具有良好的防水性能，还可防止真菌和藻类的滋生，具有防霉抗藻功能，保护建筑物表面不受潮湿的侵蚀；

（4）本品用途广泛；

（5）本制备方法工艺简单，容易实施。

配方 15 耐高低温环保水性聚氨酯涂料

原料配比

原料			配比（质量份）				
			1#	2#	3#	4#	5#
改性聚氨酯乳液			100	120	105	115	110
水			10	5	8	6	7
丙二醇甲醚乙酸酯			4	6	4.5	5.5	5
蒙脱土			20	10	18	12	15
高岭土			10	15	12	14	13
聚乙二醇 400			3	1	2.5	1.5	2
十二烷基硫酸铵			2	4	2.5	3.5	3
TEGO Foamex 843			0.08	0.06	0.075	0.065	0.07
TEGO Foamex 1488			0.03	0.05	0.035	0.045	0.04
乳化剂 OP-10			0.05	0.03	0.045	0.035	0.04
润湿剂 Wet500			0.1	0.3	0.15	0.25	0.2
润湿剂 H-140			0.5	0.3	0.45	0.35	0.4
流平剂			0.2	0.4	0.25	0.35	0.3
聚丙烯酰胺			0.4	0.2	0.35	0.25	0.3
羧甲基纤维素钠			0.1	0.3	0.15	0.25	0.2
防霉剂			0.06	0.04	0.055	0.045	0.05
改性聚氨酯乳液	A 组分	硅藻土（目）	300	400	300	400	400
		3-氨丙基三乙氧基硅烷乙醇水溶液，乙醇和水的体积比为 85∶15	0.2	—	—	—	—
		3-氨丙基三乙氧基硅烷乙醇水溶液，乙醇和水的体积比为 95∶5	—	0.1	—	—	—
		3-氨丙基三乙氧基硅烷乙醇水溶液，乙醇和水的体积比为 88∶12	—	—	0.18	—	—

续表

原料			配比（质量份）				
			1#	2#	3#	4#	5#
改性聚氨酯乳液	A组分	3-氨丙基三乙氧基硅烷乙醇水溶液，乙醇和水的体积比为92∶8	—	—	—	0.12	—
		3-氨丙基三乙氧基硅烷乙醇水溶液，乙醇和水的体积比为90∶10	—	—	—	—	0.15
		陶土	1	1	1	1	1
		3-氨丙基三乙氧基硅烷乙醇水溶液	80	100	85	95	90
	B组分	A组分	5	6	5.2	5.8	5.5
		丙酮	60	50	57	53	55
		2,4-甲苯二异氰酸酯	3.8	4.7	4	4.5	4.3
		偶氮二异丁腈	0.4	0.2	0.35	0.25	0.3
	C组分	B组分	3.5	3.1	3.4	3.2	3.3
		端羟基聚丁烯	48	—	—	—	—
		端羟基聚丁二烯	—	50	48.5	49.5	49
		2,4-甲苯二异氰酸酯	35	33	34.5	33.5	34
		偶氮二异丁腈	0.4	0.6	0.45	0.55	0.5
		二羟甲基丙酸	5.3	4.6	5.1	4.8	5
		丙烯酸羟乙酯	5.8	6.6	6	6.4	6.2
		甲基丙烯酸丁酯	5.6	6	5.4	5.2	5.3
		过氧化苯甲酰	0.3	0.5	0.35	0.45	0.4
		丙酮	70	50	65	55	60
		水	70	80	72	78	75

制备方法

将改性聚氨酯乳液、水混合，以700r/min的速度搅拌15min；加入丙二醇甲醚乙酸酯，继续搅拌5min，加入聚乙二醇400、十二烷基硫酸铵、TEGO Foamex 843、TEGO Foamex 1488、乳化剂OP-10、润湿剂Wet500、润湿剂H-140、防霉剂，继续搅拌20min；加入蒙脱土、高岭土，以1200r/min的速度搅拌30min；加入流平剂，以800r/min的速度搅拌8min；加入聚丙烯酰胺、羧甲基纤维素钠，以900r/min的速度搅拌10min，得到耐高低温环保水性聚氨酯涂料。

原料介绍

所述的改性聚氨酯乳液制备过程为：取300~400目硅藻土，升温至90~110℃，保温1~2h后，冷却至室温；加入质量分数为0.1%~0.2%的3-氨丙基三乙氧基硅烷乙醇水溶液，超声分散均匀，通入氮气，升温至85~95℃，以700~900r/min的速度保温搅拌2~4h，离心、洗涤、干燥，粉碎至250~300目得到A组分；取A组分、丙酮、2,4-甲苯二异氰酸酯、偶氮二异丁腈，超声分散均匀，通入氮气，升温至70~80℃，回流20~24h，离心、洗涤、干燥、粉碎至200~250目，得到B组分；将B组分加入端羟基聚丁二烯中，超声分散均匀，加入2,4-甲苯二异氰酸酯、偶氮二异丁腈、二羟甲基丙酸，升温至70~80℃，保温搅拌4~5h；调节温度至60~70℃，加入丙烯酸羟乙酯，保温搅拌3~4h，加入甲基丙烯酸丁酯、过氧化苯甲酰，保温搅拌70~90min，冷却至室温，加入丙酮、水混匀得到组分C；用三乙胺调节C的pH值=6.5~7.5，得到改性聚氨酯乳液。

产品应用 本品是一种耐高低温环保水性聚氨酯涂料。

产品特性 本品具有良好的耐高低温性能、耐水性、耐溶剂性、机械性能和吸附甲醛性能，净化空气效果好。

配方16 耐水净味型水性仿瓷涂料

原料配比

原料	配比（质量份）		
	1#	2#	3#
方解石粉	15	10	20
双飞粉	15	20	10
碳酸钙	10	8	12
白及粉	3	4	2
玉米淀粉	2	3	1
羧甲基纤维素	1	0.5	1.5
酚氧树脂	1	0.5	1.5
戊二醛	1	0.5	1.5
空气净化粒子	2	1	3
水	50	52.5	47.5

制备方法

（1）空气净化粒子的制备：将复合炭溶胶、二氧化钛溶胶、氢氧化铝按质量比（50~70）:（30~50）:（1~3）混合均匀，得到复合溶胶；将复合溶胶陈化36~72h后，用过量的无水乙醇对复合溶胶进行溶剂置换24~48h，再用过量的正己烷对复合溶胶进行溶剂置换12~36h，然后除去正己烷，得到复合凝胶；对复合凝胶在60~100℃下干燥30~40min，在200~500℃之间进行半炭化，得到半炭化物；将半炭化物洗净、干燥、粉碎后，得到半炭化气凝胶颗粒；将三甲基氯硅烷与正己烷按体积比为（1~3）:10混合，得到疏水改性液，将半炭化气凝胶颗粒分散至其5~10倍质量的疏水改性液中，在30~40℃下改性4~8h，制得空气净化粒子，粒径为400~1000μm。

（2）将水升温至80~100℃，在搅拌条件下将过100目筛的白及粉、过100目筛的玉米淀粉和羧甲基纤维素在10~20min内匀速添加到水中；降温至70~80℃，在搅拌条件下将空气净化粒子添加到水中。

（3）对方解石粉、双飞粉、碳酸钙进行混料，对酚氧树脂和戊二醛进行混料，在搅拌条件下将混料后的物料添加到步骤（2）的水中。

（4）在保温条件下，搅拌分散30~40min，冷却，制得耐水净味型水性仿瓷涂料。

原料介绍

所述复合炭溶胶的制备方法为：将糠醛、水溶性酚醛树脂、碳纳米管、羧甲基纤维素、水镁石纤维、碳酸氢钠和水按质量比（3~5）:1:（0.3~0.5）:（0.1~0.2）:（0.03~0.05）:（0.01~0.03）:100混合，搅拌均匀后得到第一混合液；在搅拌条件下将浓度为0.25~0.75mol/L的氨水滴加到第一混合液中，使第一混合液呈中性；然后在65~75℃下反应8~24h，制得复合炭溶胶。

所述二氧化钛溶胶的制备方法为：将钛酸丁酯、无水乙醇、碳酸氢钠按质量比1:（20~40）:（0.1~0.3）混合，得到第二混合液；将1~2mol/L的盐酸溶液、无水乙醇与水按体积比（4~6）:（8~16）:5进行混合，得到第三混合液；在搅拌条件下将第三混合液滴加到等体积的第二混合液中；然后在40~50℃下反应12~24h，得到二氧化钛溶胶。

产品应用 本品是一种耐水净味型水性仿瓷涂料。

产品特性 本品具有较好的耐水性，且具有空气净化功能，吸附容量大，净化时效长，空气净化效果好。

配方17 内墙乳胶涂料（一）

原料配比

原料	配比（质量份）		
	1#	2#	3#
自来水	30.8	25	35
SUPER PB-1润湿分散剂	0.8	0.4	0.6

续表

原料	配比（质量份）		
	1#	2#	3#
金红石型钛白粉（0.2μm）	24.5	17.5	14.6
纳米 TiO_2（60～80nm）	0.5	0.5	0.4
滑石粉（800 目）	8	—	5
高岭土（1250 目）	—	6	—
碳酸钙（700 目）	—	—	6
硅藻土（1000 目）	5	4	4
稀土添加剂	微量	微量	微量
消泡剂 BYK-022	0.3	0.4	0.7
增稠剂 A（羟乙基纤维素）	0.3	0.2	0.3
增稠剂 B（ASE-60）	0.6	—	0.3
增稠剂 B（TT-935）	—	0.5	—
增稠剂 C（RW-8）	0.1	0.3	—
增稠剂 C（BR 125P）	—	—	0.2
防霉杀菌剂 Kathon LXE	0.1	0.2	—
防霉杀菌剂 Nopcocide N-96	—	—	0.3
遮盖性乳液 OP-62B	8	5	—
遮盖性乳液 Ropaque X-Tend	—	—	6
有机硅改性丙烯酸乳液	20	—	—
纯丙烯酸乳液	—	40	—
苯丙乳液	—	—	26.6

制备方法

（1）预混合：按配比标准称取各种物料，在低速搅拌（100～150r/min）下按顺序加入分散介质水、润湿分散剂、部分消泡剂、颜料、填料以及增稠剂 A。

（2）高速分散：在高速搅拌机内进行高速（1000～1200r/min）分散。颜填料粒子在高速搅拌机的高剪切速率作用下，被分散成原级粒子，并且在分散助剂体系的作用下得到分散稳定状态。高速分散时间在 20～30min。

（3）调漆：当颜料浆的细度达到所需要的细度时，应加入基料、遮盖性乳液、部分消泡剂、pH 调节剂、适量的增稠剂 B 与 C 及其他助剂，调漆，根据要求加入适量的色浆调色，此过程在调漆罐中低速进行（150～500r/min），以得到具有合适的黏度和良好稳定性的涂料。

（4）过滤：除去杂质粒子及未达到细度的颜填料粒子。

原料介绍

颜料是钛白粉、纳米 TiO_2 等。

填料是高岭土、硅藻土、滑石粉等，大于700目。

消泡剂是一种聚醚改性的聚硅氧烷溶液，例如德国毕克公司的消泡剂BYK-022等。

增稠剂A是纤维素醚，例如羟乙基纤维素、羟丙基纤维素等。

增稠剂B是碱溶性丙烯酸聚合物，例如罗门哈斯公司的ASE-60、TT-935等。

增稠剂C是一种非离子憎水性改性环氧乙烷聚氨酯嵌段共聚物，例如罗门哈斯公司的RW-8、法国COATEX公司的BR 125P等。

防霉杀菌剂是一种能够有效抑制和杀灭细菌和霉菌的有机化合物，例如罗门哈斯公司的Kathon LXE和Rozone 200、德国汉高公司的四氯间苯二甲腈类防霉杀菌剂Nopcocide N-96等。

遮盖性乳液是壳包覆着充满水的芯的苯乙烯-丙烯酸共聚物分散体，例如罗门哈斯公司的Ropaque X-Tend和Ropaque OP-62B等。

聚合物乳液是主要的成膜物质，它可以是含有乙二醇链段结构、具有核壳结构的有机硅改性丙烯酸乳液、纯丙烯酸乳液、苯丙乳液、醋丙乳液中的一种或多种乳液的混合。

色浆是氧化铁系、酞菁系颜料的水性色浆，炭黑、群青甲苯氨红的水性色浆等；色浆的颜色根据用户的要求而定。

为了充分发挥TiO_2纳米粒子的高性能，本品配方中还可以加入稀土催化剂，是稀土金属如钍、铑、钯等的氧化物中的一种或多种的混合物，其用量为纳米粒子的万分之一到万分之三。

产品应用 本品适用于室内灰泥墙、混凝土、砖石建筑、石膏、砖墙、木板、石棉板等的表面涂饰。

产品特性 本品具有优良的拒水透气、灭杀细菌、净化空气的复合功能。它对金黄色葡萄球菌的24h杀抑率达99.5%以上，同时还可以降解污染物，并可根据室内空气状况调整湿度。

配方18 内墙乳胶涂料（二）

原料配比

原料	配比（质量份）	
	1#	2#
水	18.0	24.0
润湿分散剂	0.6	0.8
纳米二氧化硅粉体	2.0	1.0
钛白粉	20.0	10.0
沉淀硫酸钡	20.0	30.0
超细滑石粉	10.0	15.0

续表

原料	配比（质量份）	
	1#	2#
消泡剂	0.1	0.2
改性丙烯酸乳液	35.0	25.0
消泡剂	0.1	—
增稠剂	0.3	0.2
流平剂	0.2	0.2
复合浆料	0.3	0.1

制备方法

首先在容器中加入水、润湿分散剂、纳米二氧化硅粉体、钛白粉、沉淀硫酸钡、超细滑石粉和消泡剂，高速搅拌，混合均匀后，进砂磨机研磨至细度小于50μm，随后依次加入改性丙烯酸乳液、消泡剂、增稠剂、流平剂和复合浆料，并调整 pH 值至 8 ~9，搅拌均匀后即得成品。

产品应用 本品适用于室内墙壁的装饰和保护。

产品特性 本涂料挥发性有机物 VOC 含量低，其涂膜具有防霉、防腐、抗菌功能。

配方 19 内墙装饰水性涂料

原料配比

原料	配比（质量份）		
	1#	2#	3#
方解石粉	25	22.5	20
锌白粉	15	10	5
轻质碳酸钙	15	20	25
双飞粉	20	27.5	35
灰钙粉	25	20	15
水	70	70	70
甲基纤维素	0.006	0.006	0.006
乙基纤维素	0.004	0.004	0.004
钛白粉	适量	适量	适量

制备方法 本品采用水溶性甲基纤维素和乙基纤维素的混合胶体来作为混合粉料的溶剂。

产品应用 本品用于内墙的装饰。

产品特性 本品配制工艺简单、施工方便，重金属含量低、无毒性、无异味。

配方 20 全效水性内墙涂料

原料配比

原料	配比（质量份）				
	1#	2#	3#	4#	5#
除醛乳液	25	30	26	28	25
聚氨酯改性丙烯酸树脂	15	10	12	13	14
竹炭粉	5	3	4	3.5	4.5
纳米 TiO_2 光催化剂	1	3	2	1.5	2.5
碳酸钙	3	11	5	8	6
颜料白	10	—	5	5	7
颜料黄	—	15	7	—	—
颜料绿	—	—	—	6	—
颜料红	—	—	—	—	7
SiO_2	2	5	3	4	2
AC－900 水性高效消泡剂	0.2	0.1	0.15	0.1	0.2
分散剂 5040	0.5	1.5	0.7	1	1.2
聚酰胺蜡	0.25	0.5	0.3	0.4	0.5
水	35	19	33	22	26
二月桂酸二丁基锡	0.05	0.08	0.03	0.06	0.04
磷酸三丁酯	0.8	0.8	0.6	0.9	0.8
氟碳表面活性剂	—	0.02	0.02	0.44	0.06
异丙醇胺	1.2	—	1.2	1	1.1
3－碘-2 丙炔基丁基氨基甲酸酯	—	—	—	0.1	0.3
丙烯酸双环戊烯基氧乙基酯	1	1	—	5	1

制备方法

首先在分散缸中加入聚氨酯改性丙烯酸树脂，并进行中速分散；然后均匀混入微米级活性竹炭粉，高速分散 15～30min 后，加入除醛乳液及纳米 TiO_2 光催化剂、水、颜填料、分散剂、消泡剂、防沉剂和其他组分，中速分散 40min 后，取样检测成品达到预定的细度与黏度后，过滤、装罐、包装。

原料介绍

所述的除醛乳液为美国陶氏化学 3030 乳液，具有超强除醛功效，能够有效分解涂料中的甲醛。

所述的竹炭粉规格为 1000～4000 目，多用作涂料类工业产品原料。由于超细加工之后竹炭的比表面积呈几何级数增长，竹炭的吸附、分解等特殊功能亦同步强化。

所述颜填料包括 10～15 份颜料和 2～5 份的填料。填料为 SiO_2。颜料可以为颜料白，颜料红，颜料黄，颜料绿等各种颜色。可以是单独的一种，也可以是多种颜料的混合物。

所述的消泡剂为水性高效消泡剂，型号为 AC－900，是有机硅改性复合消泡剂，属于市售产品。

所述的分散剂为德国汉高公司的 5040 分散剂，具有良好的耐热性、互溶性，效率高，黏度稳定，可防止涂料沉淀、絮凝。保持光泽性好、无毒、无腐蚀、无特殊气味。

所述的防沉剂为聚酰胺蜡，是一种触变性添加剂。其已通过溶剂有效地活化，在涂料系统中形成强大的网络结构，具有优异的触变性能、防流挂能力和防沉降能力。

所述的助剂为催干剂、表面活性剂、流变助剂、成膜助剂、防霉剂和活性成膜助剂中的 4 种以上的混合物。其中，所述的催干剂为二月桂酸二丁基锡；所述的表面活性剂为氟碳表面活性剂；所述的流变助剂为磷酸三丁酯；所述的成膜助剂为异丙醇胺；所述的防霉剂为 3－碘–2 丙炔基丁基氨基甲酸酯；所述的活性成膜助剂为丙烯酸双环戊烯基氧乙基酯。

本品的抗甲醛原理是在配方设计中，利用物理吸附与化学分解相结合的方法去除甲醛。采用除醛乳液、竹炭粉、纳米 TiO_2 光催化剂等三种除醛材料综合使用，达到高效、持久抗甲醛的目的。

产品应用 本品主要应用于建筑领域，可作内墙涂料。

产品特性 本品具有优异的防霉性能和抗碱性能、出色的耐擦洗性能，遮盖力强，施工简便。

配方 21 使用熟贝壳粉和氧化钙生石灰的水性涂料

原料配比

原料	配比（质量份）
水	25
碳酸钙	8
聚乙烯醇缩甲醛胶水	35
滑石粉	5
熟贝壳粉	5
消泡剂	0.1
氧化钙生石灰粉	20
防沉剂	0.1
氧化钙稳定剂	1
颜料	适量

制备方法

先将熟贝壳粉和氧化钙生石灰粉溶化于水中，搅拌均匀后再依次倒入氧化钙稳定剂、聚乙烯醇缩甲醛胶水、碳酸钙、滑石粉、消泡剂、防沉剂、颜料，均匀搅拌 30～40min，充分混合，即可制成。

产品应用 本品主要用作水性涂料。

产品特性 涂料黏附力好，可有效防止涂膜起皱、开裂，白度、遮盖率、耐水、耐候、耐洗刷性等综合性能得到提高；毒性较低，环保性能好；生产工艺简单，成本低，原料来源广。

配方 22 室内多功能水性涂料

原料配比

原料	配比（质量份）			
	1#	2#	3#	4#
水	150	200	20	32
丙烯酸酯净味乳液：苯丙净味乳液、醋丙净味乳液按 1∶1 的比例的混合物	—	—	30	—
丙烯酸酯净味乳液（巴斯夫公司的 Acronal ECO 338）	—	—	—	32
增稠剂（甲基羟丙基纤维素）	0.3	0.4	0.05	0.04
助溶剂乙二醇	10	10	—	—
助溶剂（丙二醇乙醚或乙二醇单丁醚）			0.8	0.9
分散剂 SN-5040	6	6	—	—
分散剂 DA-02	—	—	0.6	0.8
消泡剂 643	2	—	0.3	—
润湿剂	1	1	0.18	0.12
防霉杀菌剂 623	1	1.5	0.4	—
钛白粉	200	150	23	22
滑石粉	50	60	5	6
云母粉	50	100	6	10
负离子添加剂	8	8	0.6	0.7
羟乙基纤维素 HBR-250	0.3	0.2	0.05	0.04
成膜助剂 OE-300	12	10	1.2	1
消泡剂 A-10	—	1.5	—	—
消泡剂（德国毕克公司的 BYK-024 或二氧化硅）	—	—	—	0.4
经水蒸气蒸馏前处理的净味乳液 338（巴斯夫公司的苯丙净味乳液）	360	—	—	—

续表

原料	配比（质量份）			
	1#	2#	3#	4#
经水蒸气蒸馏前处理的净味乳液 702	—	250	—	—
防霉杀菌剂 320（罗门哈斯 ROCIMA320）	3.5	2	—	0.4
水	20	100	—	—
防水剂（有机硅乳液）	15	—	1.5	—
防水剂（石蜡乳液）	—	15	—	1.5
流变改性剂（聚氨酯流平剂）	4	—	0.3	—
流变改性剂（膨润土）	—	3	—	0.4
薰衣草、芦荟、绿茶提取浓缩物	3	—	—	—
薄荷、芦荟、玫瑰提取浓缩物	—	3	—	—
植物提取物：薰衣草、芦荟、绿茶、薄荷、玫瑰按质量比1∶1∶1∶1∶1	—	—	0.2	0.1
水	20	—	—	—

制备方法

（1）将60%～90%的水、分散剂、40%～60%的增稠剂、助溶剂、润湿剂、50%～70%的消泡剂、12%～50%的防霉杀菌剂在分散罐中混合搅拌分散；搅拌转速为400～700r/min，分散10～20min。

（2）向分散罐中依次添加钛白粉、滑石粉、云母粉、负离子添加剂，搅拌分散均匀后，采用卧式砂磨机砂磨至物料细度在30μm以下；搅拌速度为1000～1200r/min，分散时间30～40min。

（3）向分散罐中加入羟乙基纤维素、成膜助剂、剩余的消泡剂，搅拌分散均匀；搅拌速度为300～600r/min，搅拌8～15min。

（4）向分散罐中依次加入丙烯酸酯净味乳液、剩余的防霉杀菌剂、防水剂、流变改性剂、植物提取物、剩余的水，搅拌分散均匀，用剩余的增稠剂调节黏度；搅拌速度为300～600r/min，搅拌15～20min。

（5）检测合格后包装。

原料介绍

所述丙烯酸酯净味乳液为苯丙净味乳液、醋丙净味乳液、纯丙净味乳液中的一种或几种。如：巴斯夫公司的Acronal ECO 704、Acronal ECO 338、Acronal ECO 502，美国陶氏化学的SF-108、DC-420W，塞拉尼斯公司的VAE1602、VAE1608等。

所述的植物提取物为芦荟、薰衣草、绿茶、薄荷、玫瑰醇水溶液浸提浓缩液。

所述的防水剂为石蜡乳液、聚乙烯蜡乳液、有机硅乳液中的一种。

所述的植物提取物亦为薰衣草、芦荟、绿茶、薄荷、玫瑰按质量比1:(0.8~1.2):(0.8~1.2):(0.8~1.2):(0.8~1.2)粉碎后混合,用60%~75%的乙醇常温下浸泡七天,浸出液浓缩得植物提取物,所述的乙醇与粉碎混合物的质量比为1:(1~1.5)。

所述的防霉杀菌剂为芳香脲衍生物防霉杀菌剂320(罗门哈斯ROCIMA320)、美国陶氏化学的LX150、罗门哈斯的KATHON LXE、德国舒美公司的K40、Rocima 623等。

所述的负离子添加剂,可选择北京朗诺公司的HB~TL型,可有效吸收室内苯、氨、甲醛等有害物质。

所述的成膜助剂为由植物油反应得到的长链脂肪酸酯,选用伊士曼TEXANOL、伊士曼OE300、丙二醇等中的一种。

所述的分散剂选用德国汉高公司的聚丙烯酸钠盐SN-5040、美国陶氏化学的快易、北京通州互益的DA-02无机颜料分散剂等中的一种。

所述的消泡剂选用二氧化硅、日本诺普科公司的NXZ、德国汉高公司的SN8034、德国毕克公司的BYK024、凯米拉消泡剂Colloid 643等中的一种或两种。

所述的流变改性剂为膨润土、羟乙基HEC、聚氨酯流平剂、缔合型流平剂(诺普科SN621N)中的一种或几种,优选聚氨酯流平剂。

产品应用 本品主要用作建筑用涂料领域的一种室内多功能水性涂料。

产品特性 本品工艺简单、成本较低。添加的植物提取物气味清新,起到很好的驱蚊虫功效;负离子添加剂可很好地去除甲醛、苯等有害物质,起到净化环境的功效,防水性强;采用经特殊前处理的净味乳液及植物性成膜助剂,VOC含量趋近于零,克服了传统涂料一些技术上的难题,同时具有良好的物理性能,确保了产品在室内装潢中的多功能用途。产品稳定、环保、安全,漆膜丰满、坚硬,具有圆润的光泽;耐水性强,具有良好的杀菌防霉功效,抗甲醛,有植物清香,并净化室内空气。可取代门窗常用的溶剂型涂料,健康环保,具有优良的防水、耐擦洗功能。

配方23 水溶性墙体涂料

原料配比

原料	配比(质量份)		
	1#	2#	3#
丙烯酸树脂261	65.00	—	—
丙烯酸树脂S400	—	60.00	—
丙烯酸树脂4176	—	—	70.00
钛白粉	5.80	4.00	4.3
改性乳液硅乳液	—	4.00	2.00

续表

原料	配比（质量份）		
	1#	2#	3#
改性乳液 OP60 乳化剂	2.30	—	—
消泡剂 BYK053	0.15	—	—
消泡剂 Henkel	—	0.35	—
消泡剂 NXZ	—	—	0.98
填充剂：无机空心微珠	7.00	15.00	3.6
填充剂：人造硅灰石灰	—	—	1.60
珍珠岩	—	—	1.60
云母氧化铁	3.00	—	—
碳酸钙	5.00	2.00	3.00
表面活性剂 X405	1.30	—	—
表面活性剂 CF10	—	1.25	—
表面活性剂 DF16	—	—	2.10
润湿分散剂 904S	0.20	—	—
润湿分散剂 P104S	—	0.198	—
润湿分散剂 731	—	—	0.40
流变改进剂 708	0.09	—	—
流变改进剂 TEGO KL-245	—	0.079	—
流变改进剂 F40	—	—	0.23
纤维素类增稠剂 1020	1.70	—	—
纤维素类增稠剂 RM8	—	1.75	—
纤维素类增稠剂 1010	—	—	2.90
水	4.50	7.50	5.00
改良氨水	0.18	0.35	1.00
杀菌剂 Parmetol	2.00	—	—
杀菌剂 Thor	—	2.5	—
杀菌剂 Troy	—	—	3.5
防腐剂 Parmetol	0.40	—	—
防腐剂 Thor	—	0.5	—
防腐剂 Troy	—	—	0.3
丙二醇酯	2.00	1.00	0.19
溶剂油	0.50	1.00	0.16

制备方法

(1) 先将杀菌剂 2~3.5 份，防腐剂 0.3~0.5 份，丙二醇酯 0.1~2 份，改良氨水 0.1~1 份，溶剂油 0.1~1 份，表面活性剂 1~2.2 份，润湿分散剂 0.1~0.5 份，消泡剂 0.05~0.5 份和水 2~3 份等液体放入高速搅拌器中，高速搅拌 2~10min；

（2）再将钛白粉4～6份，碳酸钙2～5份，丙烯酸树脂15～17.5份，改性乳液2～4份，流变改进剂0.05～0.5份和水0.5～2份放入搅拌器中，高速搅拌5～15min；

（3）加入丙烯酸树脂45～52.5份，高速搅拌5～10min；再改为低速搅拌，且边搅拌边加入填充剂7～15份和其余消泡剂0.05～0.5份，纤维素类增稠剂1～3份，水1.5～2份，然后搅拌5～15min。

产品应用 本品用于墙体的涂刷。

产品特性

（1）同时具备防水、阻燃、隔热、隔音、抗菌、抗苔藓等功能；

（2）隔热性好，对西照墙或金属屋顶有极佳的隔热功能；

（3）透水率高，能从墙身排出水汽；

（4）隔音，用作内墙涂料时，可有效降低噪声；

（5）具有抗化学腐蚀，抗极度寒冷（－40℃）及抗炎热（＋40℃）功能，经久耐用。

配方24 水性肌理壁纸漆

原料配比

原料	配比（质量份）			
	1#	2#	3#	4#
水	20	21	21.5	22
分散剂	0.3	0.4	0.45	0.5
润湿剂	0.1	0.15	0.17	0.2
消泡剂①	0.15	0.17	0.2	0.21
羟乙基纤维素	0.2	0.3	0.4	0.5
乙二醇	1.2	1.4	1.6	1.8
多功能助剂	0.15	0.2	0.22	0.25
纳米二氧化钛	1	1.5	1.7	2
钛白粉	10	14	16	18
煅烧高岭土	8	9	9.2	9.8
超细重质碳酸钙	23.94	23.94	23.94	23.94
消泡剂②	—	0.15	0.16	0.2
成膜助剂	0.8	1.2	1.3	1.5
苯丙乳液	31	33	34	35
防腐杀虫剂	0.08	0.08	0.08	0.08
增稠剂	2	1.4	1.6	2

制备方法

将水、分散剂、润湿剂、消泡剂①、羟乙基纤维素、乙二醇、多功能助剂和纳米二氧化钛依次投入到搅拌分散机中进行分散，转速为400～800r/min，分散时间为30～60min；再将钛白粉、煅烧高岭土、超细重质碳酸钙依次投入搅拌分散机中进行分散，转速为1200～2000r/min，分散时间为60～120min；将分散后的物料投入砂磨机中，经循环砂磨至物料细度≤50μm，再将物料转移到搅拌分散机中；然后将消泡剂②、成膜助剂、苯丙乳液、防腐杀虫剂、增稠剂依次投入搅拌分散机中进行搅拌，转速≤400r/min，搅拌时间为60～120min；再投入色浆或珠光粉，转速为60～120r/min，分散20～40min。物料最终经120～180目过滤网过滤，然后罐装，即得水性肌理壁纸漆。

原料介绍

色浆或珠光粉的投加量可根据需要自行调整。水、分散剂、润湿剂、消泡剂①、羟乙基纤维素、乙二醇、多功能助剂的主要作用是易分散、抗冻、良好的储存性。纳米二氧化钛、钛白粉、煅烧高岭土、超细重质碳酸钙的主要作用是增强可塑性、柔和感、着色力、遮盖力、耐磨性以及自洁、净化空气等，使水性肌理壁纸漆在实际应用中得充分发挥；对墙面细微裂缝有很好的遮盖和抗裂作用；对三维肌理形态有丰富其艺术表现力的作用；对保护墙面有较强的耐刮擦作用和对优化室内环境有良好的保护作用。消泡剂②、成膜助剂、苯丙乳液、防腐杀虫剂和增稠剂的主要作用是提高附着力、增加光泽以及提升颜色的均匀度、丰满度。本品能够直接辊涂在平整的混凝土基面或其他材质表面，提高施工效率、使色彩更加丰满靓丽；另外，配方中降低防腐杀虫剂含量，并不影响储存性，主要是限量控制有害物质，使其凸显绿色环保的作用。

产品应用 本品主要应用于墙面装饰，如混凝土基面或其他材质表面。

产品特性

（1）本品由于是水性肌理壁纸漆，因此不会挥发有害化学物质，不会污染环境，因此具有绿色环保的特点。同时，因为配方中的洁净水或水比较洁净，而且水性肌理壁纸漆在施工时不需要加水稀释，所以大大减少了受污染的可能性。

（2）本品可塑性好、表现力强，借助工具能表现各种三维立体的肌理纹样效果，视觉与手感同样显著，大大增强了艺术表现力和感召力，其艺术发挥空间不受限制。本品既能独立作为封面装饰材料使用，又能配合面涂材料使用；运用面涂材料的特点丰富其艺术效果，而其技术性能并不受其他材料的牵制。

（3）本品具有很强的弹性张力，对墙面细微裂缝有很好的遮盖和抗裂作用，耐刮擦性能强，加大了保护墙面的力度；同时它还具有很强的防水性能，将样板浸泡水中80天仍不变色、不脱皮、不霉变，完全可以解决墙面装饰中存在的视觉问题。

配方25 水性彩色花纹喷涂涂料

原料配比

原料	配比（质量份）		
	1#（高档豪华型）	2#（中档富丽型）	3#（低档经济型）
纯丙乳液	50	—	—
苯丙乳液	—	45	—

续表

原料	配比（质量份）		
	1#（高档豪华型）	2#（中档富丽型）	3#（低档经济型）
聚乙酸乙烯乳液	—	—	40
云母钛珠光粉（金色）	4	—	—
钛白粉	—	10	—
立德粉	—	—	6
滑石粉	—	—	4
硅灰石粉	—	—	4
水性色浆	—	—	2
助剂	10	10	10
水	30	32	30
花纹剂	6	3	4

制备方法

将水、颜料、填料、助剂按配比投入搅拌缸内搅拌均匀，再送入胶体磨或砂磨机分散研磨，之后倒入水性基料，并调节 pH 值至 7.8，然后加入花纹剂，再搅拌均匀，进行过滤，最后计量装入包装桶内。如果原料中有云母钛珠光粉，应省去分散研磨工序，因为云母钛珠光粉不宜研磨。

原料介绍

水性基料是该涂料的主要成膜物，决定涂料的主要性能。水性基料可以选用：纯丙乳液、苯丙乳液、聚乙酸乙烯乳液、醋丙乳液、乙烯-乙酸乙烯共聚乳液中的一种或多种混合。

颜料、填料可以选用：钛白粉、立德粉、云母钛珠光粉、水性色浆、滑石粉、云母粉、硅灰石粉、轻质碳酸钙、白炭黑、瓷土中的一种或多种混合。

助剂是分散剂、消泡剂、成膜助剂、增稠剂、中和剂、防霉杀菌剂等。

花纹剂是根据水性涂料不同配方体系，增添的有助花纹形成的物质。可选用纤维素及其衍生物、水性高分子线型聚合物。涂料在喷涂施工时，由于花纹剂的物理作用，使在气流中运动的彩浆粒子产生形变，上墙后形成自然舒展的美丽花纹。因花纹剂规格品种及加入量的变化，可以获得装饰观赏效果极佳的圆点状花纹、圆点拉丝花纹、丝条状花纹、丝线状花纹等彩色花纹图案。

产品应用 本品的高、中档型适用于内墙和外墙，而低档型只适用于内墙装饰。

产品特性 本品是以水为溶剂的水性涂料，无毒无味、不燃不爆、不污染环境。制备工艺简单，性能优良，耐候性、耐水性、耐碱性、耐擦洗性等技术性能指标超过水包油型多彩花纹涂料。喷涂效果流光溢彩，花纹自然飘逸，装饰观赏效果极佳。施工容易，喷涂工效高，用料省，喷涂面积大，单位面积造价低廉，原材料来源广泛，可分别生产高、中、低档系列产品，适合建筑物不同基面的装饰需要，满足社会不同消费层次的需求。

配方 26 水性常温固化氟硅金属质感涂料

原料配比

原料	配比（质量份）	
	1#	2#
水	—	8
水性氟碳乳液	10	16
自交联有机硅改性丙烯酸类乳液	65	62
聚氧乙烯四氟碳醚	0.03	0.03
非离子型聚氨酯	0.15	0.20
2-氨基-2-甲基-1-丙醇	0.08	—
聚丙烯酸铵	—	0.10
非聚硅氧烷矿物油	0.20	0.20
聚醚改性的硅氧烷	0.37	0.40
异噻唑啉酮	0.10	0.10
云母基银白珠光颜料（粒径 10～40μm）	11.20	—
云母基银白珠光颜料（粒径 5～25μm）	11.20	—
纳米级透明氧化铁黄	—	0.62
蜡粉	1.32	—
纳米二氧化钛	0.3	0.35
云母基金色珠光颜料（粒径 10～100μm）	—	10.00
云母基金色珠光颜料（粒径 40～200μm）	—	2.00

制备方法

（1）在容器中加入水、聚氧乙烯四氟碳醚、聚丙烯酸铵、异噻唑啉酮、2-氨基-2-甲基-1-丙醇、非聚硅氧烷矿物油，将搅拌机速度调至 500～600r/min，在搅拌状态下依次投入以下物料：纳米级透明氧化铁系颜料、功能填料，将搅拌机速度调至零，将容器中物料专用设备进行高速分散、研磨 10～15min，至物料发热至 40℃左右，停机。

（2）返回至前述搅拌分散工艺，搅拌机速度调至 500～600r/min，依次投入下述物料：水性氟碳乳液，自交联有机硅改性丙烯酸类乳液，特种助剂，云母基颜料，非聚硅氧烷矿物油，投料完毕，继续搅拌分散 30～40min，使物料分散均匀，再用 40～60 目尼龙网布袋过滤、包装。

原料介绍

所述的功能填料为蜡粉、纳米二氧化钛、二氧化硅中的一种或一种以上；所述的特种助剂为聚醚改性的硅氧烷、非离子型聚氨酯和其他能透过可见光而反射与吸收可见光波段外光线的光通透性材料中的一种或一种以上；所述光通透材料为纳米二氧化钛。

产品应用 本品适用于建筑内、外墙涂装，也可以用于混凝土、石膏板、木质纤维板及金属的涂装。

产品特性 本品具有超耐候性与强耐污染性，涂层透气性好，不易剥落；VOC值接近零，有益环保与人的健康；化学稳定性好，耐候、耐老化性好。将纳米级透明氧化铁系颜料与云母基颜料组合，可表现出逼真的金属质感，同时具有极丰富的色彩。

配方27 水性多彩花纹涂料

原料配比

原料	配比（质量份）
苯丙乳液	8
聚乙酸乙烯	12
丙烯酸树脂乳液	8
乙酸丁酸纤维素	0.8
钛白粉	3
邻苯二甲酸二丁酯	2.1
硫酸钠	70
五氯酚钠、色浆	适量

制备方法

(1) 在搅拌容器中加入苯丙乳液、聚乙酸乙烯、丙烯酸树脂乳液、乙酸丁酸纤维素、钛白粉、邻苯二甲酸二丁酯、五氯酚钠，充分混合，搅拌均匀后备用；

(2) 在步骤(1)所获物料搅拌中加入色浆，搅拌均匀，配色完成后备用；

(3) 在步骤(2)所获物料中加入硫酸钠，高速搅拌均匀后即可得成品。

产品应用 本品是一种主要用于混凝土、水泥砂浆、水泥石棉板、纸面石膏板、白灰抹面等建筑内、外墙装饰的水性多彩花纹涂料。

产品特性 本品具有防水、抗裂、耐水、耐污染、耐碱、耐候、耐洗刷等特点，并具有无毒、无味、施工简便、装饰效果好、涂层能擦洗等优点。

配方28 水性多彩涂料罩光漆

原料配比

原料	配比（质量份）				
	1#	2#	3#	4#	5#
水	16.1	16.1	23.4	23.4	16.1
硅烷偶联剂	0.1	0.1	0.2	0.1	0.2
氟表面活性剂	0.1	0.1	0.4	0.1	0.4
防腐剂	0.1	0.1	0.3	0.1	0.3
水性氟碳乳液	22	22	25	22	25
硅丙乳液	53	53	55	53	55

续表

原料	配比（质量份）				
	1#	2#	3#	4#	5#
成膜助剂	1.0	1.0	1.5	1	1.5
耐水增强剂	—	1.2	2.2	1.2	2.2
多功能助剂	0.1	0.1	0.5	0.1	0.5
流平增稠剂	0.2	0.2	1	0.2	1

制备方法

（1）按质量配比称量水、硅烷偶联剂、氟表面活性剂、防腐剂、水性氟碳乳液、硅丙乳液、成膜助剂、耐水增强剂，加入分散器中分散；

（2）用多功能助剂调整 pH 值在 7～8 之间；

（3）用流平增稠剂调整黏度到 55～65KU，即得所述的水性多彩涂料罩光漆。

原料介绍

所述硅烷偶联剂为 3-氨丙基三乙氧基硅烷。

所述氟表面活性剂为含氟非离子型有机硅表面活性剂。

所述防腐剂选自异噻唑啉酮衍生物、苯并咪唑酯类、道维希尔-75、1,2-苯并异噻唑啉-3-酮中的一种。

所述水性氟碳乳液为三氟氯乙烯、四氟乙烯或全氟丙烯中的一种或多种混合溶液。

所述成膜助剂为醇酯-12。

所述多功能助剂为有机胺多功能助剂。

所述流平增稠剂为聚氨酯流平增稠剂。

所述耐水增强剂为聚乙二醇 2000。

产品应用 本品主要用于常见的水泥墙面、混凝土墙、砖石结构、石膏、石棉板及水泥聚合物腻子层、防水砂浆表面。

产品特性

（1）本品在封闭底漆的组分中添加了耐水增强剂聚乙二醇，大大地提高了水性多彩涂料罩光漆的耐水性能。

（2）本品质量稳定、透光度佳、易于生产、储存期长、耐水白性极佳、耐沾污性极佳、附着力好，大幅度提高了多彩涂料的使用年限。

配方 29 水性多功能仿真造型涂料

原料配比

原料		配比（质量份）			
		1#	2#	3#	4#
基料配方	聚乙烯醇 1799	20～50	28～50	20～50	20～50
	OP 乳化剂	0.5～3	1～2	1～2	0.5～1.5
	邻苯二甲酸二丁酯	0.5～1.5	0.5～2	0.5～2	0.2～1

续表

原料		配比（质量份）			
		1#	2#	3#	4#
基料配方	乙二醇	1～3	1～3	0.5～3	1～3
	丙二醇	1～3	1～3	1～3	1～3
	羧甲基纤维素（CMC）	0.2～1	0.5～1	0.5～2	0.2～1
	磷酸三丁酯	0.2～1	0.05～0.2	0.05～2	0.05～1
	六偏磷酸钠	0.05～2	0.5～2	0.08～1	0.05～2
	硼酸钠	0.5～20	0.5～20	0.5～20	0.5～10
	水	650	650	600	600
	木质素	0.5～20	0.5～20	0.5～20	0.5～10
填料配方	钛白粉	2～10	2～10	5～10	2～10
	立德粉	5～30	5～30	10～30	5～30
	轻质碳酸钙粉	200～500	200～500	100～300	100～300
	重质碳酸钙粉	80～150	80～150	50～200	50～200
	滑石粉	20～100	20～60	20～60	20～80

制备方法

在带有夹套和搅拌的反应器内加入上述量的水，加热至75℃左右，慢慢地分批加入聚乙烯醇1799，升温至95～98℃，保温30～50min，待聚乙烯醇全部溶解后，加入OP乳化剂、邻苯二甲酸二丁酯，降温至70℃，加入羧甲基纤维素（CMC）、乙二醇和丙二醇，反应30min后降温至60℃，再加入硼酸钠、磷酸三丁酯、木质素和六偏磷酸钠，冷却后过筛除去未溶解物，然后将制得的基材与上述填料钛白粉、立德粉、轻质碳酸钙粉、重质碳酸钙粉以及滑石粉混合搅拌均匀制得本品。

产品应用 本品用于室内装修。

产品特性 本品在干燥后能保持原来花纹而不收缩变形，并能增加涂料表面的硬度和韧性。本品解决了装饰效果、施工问题、价格昂贵问题和有毒溶剂污染等存在的一系列矛盾。

配方30 水性防氡气内墙涂料

原料配比

原料		配比（质量份）			
A组分	水	16	12	18	20
	金红石型钛白粉	25	24	20	22
	水性环氧树脂乳液	52	60	50	55
	水性色浆	2	—	1	1.5
	消泡剂	0.4	0.5	1	0.8
	增稠剂	0.6	0.5	0.6	1.2

续表

原料		配比（质量份）			
B组分	水性固化剂	23	27	30	20
	重质碳酸钙	25	50	—	17
	水	22	19	25	15
	滑石粉	35	—	30	40
	煅烧高岭土	—	—	25	—
	润湿剂	0.4	0.6	0.5	1.0
	消泡剂	0.2	0.3	0.4	0.4
	流平剂	0.4	0.7	0.4	0.6

制备方法

(1) 将部分水与颜料、助剂混合均匀后，然后加入剩余的水及其他原料，混合均匀，过滤，得到A组分；

(2) B组分由原料搅拌均匀、过滤得到。

原料介绍

所述的颜料为金红石型钛白粉；

所述的填料包括重质碳酸钙、滑石粉、煅烧高岭土，目数为800~1500目；

所述的水性环氧树脂单体结构中包含芳香环；

所述的水性环氧树脂为双酚A型水性环氧树脂，平均分子量为2000~3000g/mol；

所述的水性固化剂为水溶性环氧固化剂。

产品应用 本品主要用于内墙的装饰，可得到高光、丝光、哑光等装饰效果。使用时将A、B组分混合均匀后涂刷。

产品特性 本品为水性防氡气内墙涂料，可以形成致密的物理漆膜，该漆膜具有很好的抗辐射能力，能够长效屏蔽墙体内氡气对人体的危害。涂料耐擦洗、耐污；通过添加不同的色浆，调整原料的用量，可以获得多种颜色的涂料，并可根据需要得到高光、丝光、哑光等装饰效果，满足不同室内装饰的要求。涂料可长期稳定保存，减少了运输、储存对产品质量的影响，保证了产品质量的可靠性。

配方31 水性防氡乳胶漆

原料配比

原料	配比（质量份）		
	1#	2#	3#
水	300	320	310
羟乙基纤维素	3	2.6	2.4
分散剂 SN-Dispersant 5040	3.5	3.2	—
分散剂 SN-Dispersant 5040 与 FC-109 的混合物	—	—	3.1

续表

原料	配比（质量份）		
	1#	2#	3#
消泡剂 SN-154	—	3.5	3.2
消泡剂磷酸三丁酯	4	—	—
流平剂 NOPCO OSX™2000EXP	3.2	3	2.8
轻质碳酸钙	75	125	128
钛白粉	170	175	190
膨润土	55	45	48
滑石粉	75	125	140
乙二醇	7	6.5	6.2
成膜助剂邻苯二甲酸二甲酯	4	3.5	3.2
PVDF-丙烯酸酯共聚物乳液与乙酸乙烯-丙烯酸酯共聚物的混合物	400	375	380
防腐杀菌剂 YN-215（1,3,5-三羟乙基均三嗪）	3	—	—
防腐杀菌剂 GK-98（有效化学组分三羟乙基均三嗪）	—	3.2	2.7

制备方法

（1）反应混合温度在40℃左右；

（2）将水按配方规定量先放入反应釜，再将组分羟乙基纤维素、分散剂 SN-Dispersant 5040、消泡剂、流平剂 NOPCO OSX™2000EXP 逐步加入，先慢后快混合搅拌 30min；

（3）加入组分轻质碳酸钙、钛白粉、膨润土、滑石粉，高速搅拌 30min；

（4）加入组分乙二醇、成膜助剂邻苯二甲酸二甲酯、PVDF-丙烯酸酯共聚物乳液与乙酸乙烯-丙烯酸酯共聚物的混合物、防腐杀菌剂，慢速搅拌 30min；

（5）取出放入砂磨机研磨约 60min，过滤。

产品应用 本品用于家居内墙装饰装修。

产品特性 与传统的水性防氡乳胶漆相比，本水性防氡乳胶漆可用作室内装饰内墙涂料，防氡、苯、二甲苯、甲醛等的效果在80%以上；由于涂料中不含聚偏二氯乙烯，使得漆膜不易泛黄和粉化起泡。本品综合性能好，适用面广，自然干燥，漆膜具有附着力强、保色性、光泽保持性、抗污染性、去污性、耐风化、抗菌、防霉、抗藻、抗开裂、耐水、耐碱、耐光、耐久性、耐老化、柔韧性佳、耐擦洗、耐化学性能优异等优点，生产工艺简单，成本较低。

配方 32 水性仿壁纸涂料

原料配比

原料	配比（质量份）
丙烯酸衍生物成膜剂	36

续表

原料	配比（质量份）
成膜助剂	1.1
分散剂	0.13
珠光粉	5.3
色浆	0.78
防腐剂	0.007
流平剂	0.7
增稠剂	0.21
消泡剂	0.073
水	63

制备方法

（1）在混合搅拌机中加入增稠剂和同等质量的水将其稀释，充分搅拌均匀后备用；

（2）在混合搅拌机中加入流平剂和同等质量的水将其稀释，充分搅拌均匀后备用；

（3）在混合搅拌机中加入丙烯酸衍生物成膜剂和成膜助剂，经低速搅拌均匀后，加入分散剂、防腐剂、珠光粉、色浆以及配方中剩余的水，进行充分搅拌均匀，再加入氨水，pH 值调至 9 备用；

（4）将步骤（1）、步骤（2）、步骤（3）所获物料混合，搅拌均匀后加入消泡剂，包装，即可得成品。

原料介绍

所述的增稠剂可选用羟甲基纤维素水溶液。

所述的流平剂可选用丙二醇。

所述的成膜剂可选用丙烯酸乳液。

所述的成膜助剂可选用醇酯-12。

所述的分散剂可选用六偏磷酸钠溶液。

所述的防腐剂可选用苯甲酸钠。

产品应用 本品是一种主要用于酒店、宾馆、办公室、家庭及娱乐等各种场所的内墙装饰的水性仿壁纸涂料。

产品特性 本品具有无毒、无味、无污染，附着力强、不变色，阻燃等优点，并具有极强的耐水性、耐酸碱性、不褪色、不起皮、不开裂等特质。

配方 33 水性仿绒面涂料

原料配比

原料	配比（质量份）			
	1#	2#	3#	4#
EVA 乳液（浓度 45%）	16	10	27	—
丁苯乳液（浓度 42%）	11	17	—	27

续表

原料	配比（质量份）			
	1#	2#	3#	4#
方解石粉	40	40	40	40
轻质碳酸钙粉	30	30	30	30
羟乙基纤维素	0.5	0.5	0.5	0.5
二聚磷酸钾	0.2	0.2	0.2	0.2
油酸苯基汞	0.2	0.2	0.2	0.2
乙二醇单丁醚	1.6	1.6	1.6	1.6
水	0.5	0.5	0.5	0.5

制备方法

取方解石粉，用200目筛过筛，取轻质碳酸钙粉，用80目筛过筛，取浓度45%的EVA乳液，浓度为42%的丁苯乳液，以上四种原料再加入清水混合，充分搅拌后，再加入羟乙基纤维素、二聚磷酸钾、油酸苯基汞和乙二醇单丁醚，搅拌后即成成品。

产品应用 本品用于建筑装饰。

产品特性 本品无毒无味，具有施工方便、装饰效果好、耐水洗、耐酸碱等特点。

配方34 水性仿釉涂料（一）

原料配比

原料		配比（质量份）
水乳性成膜物合成	丙烯酸丁酯	96
	甲基丙烯酸甲酯	40
	苯乙烯	64
	过硫酸铵	1.2
	聚乙二醇辛基苯基醚	2.0
	十二烷基硫酸钠	2.0
	丙烯酸-甲基丙烯酸共聚物铵盐	1.2
	水	220
涂料配制	水乳性成膜物	78
	金红石型钛白粉	8
	六偏磷酸钠	0.8
	丙二醇	5
	乙二醇丁醚	6
	五氯酚钠	0.5
	水	60

制备方法

（1）合成：先将单体制成乳化液，于65～80℃温度范围内加入引发剂水溶液，1.5～3h滴加完，然后升温至90～100℃，保持0.5h，停止反应，得水乳性成膜物。

（2）制备：将上述原料混合均匀，在高速分散机中分散10min左右，再于磨砂机中研磨1.5h左右，用160目滤布过滤，即得本水性仿釉涂料。

产品应用 本品用于建筑内、外墙及屋顶瓦面的装饰。

产品特性 本品以水为分散介质和稀释剂，安全无毒，施工方便，涂膜干燥快，表面平整光滑，光泽度高，附着力强，耐水性、耐老化性、耐候性、耐酸碱、耐洗刷、耐污染等性能优良，颜色可根据工程要求配制。

配方35 水性仿釉涂料（二）

原料配比

原料		配比（质量份）
A组分	丙烯酸丁酯	90
	甲基丙烯酸甲酯	45
	过硫酸铵	1.3
	聚乙二醇辛基苯基醚	2.2
	丙烯酸-甲基丙烯酸共聚物铵盐	1.1
	水	210
B组分	水乳性成膜物	80
	金红石型钛白粉	7.5
	六偏磷酸钠	0.8
	乙二醇丁醚	6.2
	水	61

制备方法

（1）将单体制成乳化液：在75℃下，加入引发剂水溶液，将温度升至95℃，保持0.5h，停止反应，得到A组分；

（2）将步骤（1）所获得的A组分与B组分充分混合均匀后，在高速分散机中分散10min左右；

（3）步骤（2）所获物料在磨砂机中研磨1.5h左右，用160目滤布过滤，即可得成品。

产品应用 本品主要适用于建筑内、外墙及屋顶瓦面装饰。

产品特性 本品具有表面平整光滑、光泽度高、附着力强的特性；具有较强的耐水、耐老化、耐酸碱、耐洗刷、耐污染等性能，可抗100℃以上的高温；成本较低。

配方 36 水性仿玉瓷涂料

原料配比

原料	配比（质量份）
水	39
固含量 43% 的氯乙烯-偏氯乙烯共聚乳液	88.01
磷酸三钠	5.6
乳化剂	0.08
乙二醇	14.01
水性着色颜料	0.42
消泡剂	0.04

制备方法

（1）将磷酸三钠充分溶解于水，制成磷酸三钠溶液；

（2）将步骤（1）所获物料与氯乙烯-偏氯乙烯共聚乳液和乳化剂共置于容器中，进行充分的聚合乳化；

（3）在步骤（2）所获物料中加入乙二醇中和乳液，并充分搅拌均匀；

（4）在步骤（3）所获物料中加入水性着色颜料和消泡剂，充分搅拌均匀，进行着色和消泡，灌装，即可得成品。

产品应用 本品主要用于水泥基面、内外墙面和木材等表面做刷涂或喷涂装饰，达到坚实光洁、柔韧丰满、似玉如瓷的饰面效果。

产品特性 本品具有耐酸碱、抗污染、耐洗刷、耐摩擦、防霉、阻燃等特点；具有无毒、无害、无味等安全特性；成本较低。

配方 37 水性封闭甲醛涂料

原料配比

原料	配比（质量份）			
	1#	2#	3#	4#
水分散聚酯树脂	27	30	30	28
乙醇	8	10	10	9
乙二醇丁醚	1	2	2	1
去离子水	56	62	56	60
醇酯-12	0.1	0.17	0.15	0.13
流平剂	0.1	0.2	0.15	0.2
抗甲醛空气净化材料	2	2.5	2	2.3

制备方法

（1）按照上述原料的配比，将去离子水、乙醇、乙二醇丁醚投入带有立式冷凝器和搅拌器的反应釜中，升温至 60℃，将水分散聚酯树脂徐徐投入反应釜内，投料过程温度保持在60～65℃之间。

(2) 投料结束后升温至80～90℃，保温5～7h，得到半透明液体，然后降温至30～50℃。

(3) 加入醇酯-12、流平剂和抗甲醛空气净化材料，搅拌均匀后用去离子水调整到黏度为用涂-4杯测量时流出时间为15～20s后，即可得到所述的水性封闭甲醛涂料。

产品应用 本品主要应用于室内装修，用来预防甲醛、苯系物、TVOC等有害物质造成的污染和室内空气中有害物质的超标。

产品特性 本品外观半透明、无机械杂质；涂刷简便，对人造板的渗透性特别好；涂膜干燥快、结构紧密、不回黏、硬度好、耐摩擦、防潮防水、耐温不开裂、不脱落，不会对环境造成污染，可满足室内环境的要求。

配方38 水性复合型纳米涂料（一）

原料配比

原料	配比（质量份）		
	1#	2#	3#
BA201共聚乳化液	80	100	90
胶体硅	30	36	33
轻质碳酸钙	15	20	18
硅灰石粉	40	40	35
重晶石粉	40	40	37
超细硅酸铝	14	14	12
云母粉	20	20	18
金红石型钛白粉	35	45	40
活性纳米钙	58	65	62
纳米钛白粉	2	4	3
ZZ413异丁醇	4	6	5
流平剂D-105	4	8	6
DA分散剂	3	6	5
OP-10	0.3	0.9	0.6
防冻剂（乙二醇）	6	6～9	7.5
纳米防霉杀菌剂	0.5	1	0.8
消泡剂	0.25	0.25	0.15～0.25
增稠剂	0.6	0.6	0.3～0.6
水	60	50～60	55

制备方法

(1) 按配方量将胶体硅和BA201共聚乳化液搅拌混合均匀后，即为基料；

(2) 按配方量在另一个反应釜内先加入水，再加入ZZ413异丁醇、流平剂

D-105、分散剂、防冻剂、消泡剂、乳化剂（OP-10），搅拌均匀后，按配方顺序加入所有体质颜料，搅拌分散均匀后，经砂磨机研磨至60~80μm以下即可；

（3）将步骤（2）和增强剂纳米钛白粉和活性纳米钙加入已配制好的基料中，搅拌中加入纳米防霉杀菌剂和增稠剂，混溶搅拌均匀后，即为成品。

产品应用 本品用于多种物面的涂装。

产品特性

（1）无毒、无味、气味清新，不含铅、汞之类的有害物质；

（2）防水、不燃、涂膜坚韧光滑，耐老化在15年以上；

（3）在干、湿的基底上均可施工，并可在pH值为10以上的墙体上施工，可抑制碱分的溶出，从而改善涂膜的泛白性能；

（4）由于含有改性基料乳化液和混合无机填料，消除了涂膜裂纹，并能和墙体上水泥和白灰等涂层产生配位反应，形成一体，不会发生脱落现象；

（5）利用纳米材料独特的光催化技术，对空气中的有毒气体，如甲醛、氨气等有强烈的分解、消除作用；

（6）利用纳米材料的超双界面物性原理，有像荷叶一样的双疏功能，有效地排出水分、油污，防止粉尘的浸入，使墙体有良好的自洁性能；

（7）有长期防霉、防藻效果，对各种霉菌的杀抑率达99%以上；

（8）使用范围广，可用于涂装多种物面。

配方39 水性复合型纳米涂料（二）

原料配比

原料	配比（质量份）
基料	105~137
体质颜料	62~77
增强剂	62~71
助剂	18~32
水	52~61

制备方法

（1）将胶体硅和丙烯酸乳液进行搅拌，使其充分混合均匀，即成基料；

（2）将水、消泡剂、乳化剂共置于容器中进行搅拌，使其充分混合均匀后，加入体质颜料进行二次搅拌，经砂磨机研磨至55μm即可；

（3）在步骤（1）、步骤（2）所获物料中加入增强剂，如纳米钛白粉、活性纳米钙，进行搅拌，搅拌过程中加入纳米防霉杀菌剂和增稠剂；

（4）将步骤（3）所获物料充分搅拌均匀后，灌装，即可得成品。

原料介绍

所述的基料可选用丙烯酸乳液BA200~BA206和胶体硅。

所述的增强剂可选用活性纳米钙、纳米钛白粉。

所述的体质颜料可选用轻质碳酸钙、超细硅酸铝、云母粉、金红石型钛白粉。

所述的助剂可选用流平剂、纳米防霉杀菌剂、防冻剂、消泡剂、增稠剂。

产品应用 本品主要用于内、外墙面和多种物面的刷涂。

产品特性 本品具有无毒、无味，消除和分解甲醛、氨气等安全特性，具有排出水分、排油污、防尘、防霉、防藻、防脱落等特点；成本较低。

配方 40 水性负离子室内墙体涂料

原料配比

原料		配比（质量份）						
		1#	2#	3#	4#	5#	6#	7#
A 组分	负离子粉	10	59	45	15	49	27	20
	电气石粉	59	11	45	49	15	27	20
	硅藻土	15	49	30	21	39	30	25
	海泡石	25	2	18	20	5	16	10
	蛭石粉	2	20	12	5	15	10	10
	石英粉	10	1	7	8	3	5	5
	碳酸钙	1	12	9	3	10	6	6
	可再分散胶粉	15	1	11	10	2	7	4
涂料配比	A 组分	3	5	4	2	2	2	2
	B 组分（水）	2	0.5	0.4	1	1	1	1

制备方法

按配比将 A 组分各原料混合搅拌，控制搅拌速率为 3～20r/min，搅拌时间为 5～25min，得到预制料，将预制料与 B 组分按配比混合搅拌均匀，得到水性负离子室内墙体涂料。

A 组分与 B 组分的质量份比为（3～5）：(0.5～2)。

产品应用 本品适用于各种环境和温度，物料与墙体之间结合牢固，可避免因时间久置而引起的表皮翘起、脱落等缺陷。

产品特性 本品中，负离子粉具有释放负离子的突出作用；硅藻土的吸附能力强，且 pH 为中性，无毒、无害，可作为建筑材料中的黏合剂，具有黏附能力；电气石粉配合硅藻土释放负离子，改善空气质量，提高空气中负离子含量。按适当比例配合的负离子粉、硅藻土和电气石粉，三者相互协同作用，不仅提高了室内水性涂料的黏附性和均匀性，还可高效释放负离子，没有毒副作用，有益身心健康。海泡石作为一种多孔材料，与蛭石粉配合作用，可以大大提高材料的吸附性，对于室内异味和霉变潮气能有效吸收；还具有吸声的作用，是隔音的良好材料。石英粉和碳酸钙均可增加涂料的表面硬度，二者相互协同作用，可提高水性涂料的表面硬度，改善涂料色泽，减少涂料表面起皮、发花、渗水、脱落等现象。可再分散胶粉作为物料的黏结剂，按照材料所需条件改变比例，可获得不同黏度范围的水性涂料，适用于各种环境和温度，使物料与墙体之间牢固结合，可避免因时间久置而引起的表皮翘起、脱落等缺陷。本品的各种物料之间以所述比例相互协同配合，产品吸附性好，与墙体材料黏附力强，可长久释放负离子、改善室内空气质量、有益身心健康、使用寿命长，且具有环保的效果。

配方 41 水性复合助剂乳胶漆涂料

原料配比

原料		配比（质量份）
A 组分	流平剂	0.8
	防沉淀剂	12.5
	聚乙烯醇树脂	4.0
	增强剂	3.3
	防腐剂	0.13
	消泡剂	0.041
	成膜助剂	5.3
	分散剂	0.7
B 组分	树脂	360
	颜料	150
	填料	180

制备方法

（1）在反应釜中加入等量水，搅拌中加入流平剂和防沉淀剂，搅拌 20min 后，加热至 48℃；

（2）将步骤（1）所得物料中加入聚乙烯醇树脂，充分混合、搅拌均匀，升温至 95℃，反应 45min 后，降温至 70℃；

（3）将步骤（2）所得物料中加入增强剂，充分搅拌均匀，反应 10min；

（4）将步骤（3）所得物料中加入防腐剂、消泡剂、成膜助剂和分散剂，充分混合搅拌均匀后，反应至黏度为 1550mPa·s，得到 A 组分；

（5）将步骤（4）所得物料加入树脂、颜料、填料，经砂磨机研磨至所需的细度后灌装，即可得成品。

原料介绍

所述 A 组分中的流平剂可选用羟乙基纤维素。防沉淀剂可选用十八烷、蒙脱石粉。增强剂可选用氯丁烯溶液、三乙醇胺、氯化铵。消泡剂可选硅酯、醚丁酯、水。成膜助剂可选缩乙二醇丁醚、水。

所述 B 组分中的颜料可选用钛白粉。填料可选用滑石粉。

产品应用 本品是一种主要用于建筑物内、外墙的水泥面、灰泥面上的涂刷及建筑物的内、外墙面装饰的水性复合助剂乳胶漆涂料。

产品特性 本品具有透气性好、耐碱性强、安全、卫生、环保等优良特性，并具有流平性好、遮盖力强、不沉淀、不分层、储存时间长、生产成本低、花色品种繁多、色彩鲜艳、质轻等效果。

配方 42 水性高分子聚合物分散体内墙涂料

原料配比

原料		配比（质量份）			
		1#	2#	3#	4#
水性高分子聚合物分散体	多元醇	15	17	20	20
	多元乳酸	20	20	18	15
	丙烯酸单体	10	9	8	10
	二正丁基氧化锡类化合物	1	2	1.5	1.5
	乙二醇丁醚	1	1	1	2
	三乙胺	0.5	0.6	1	1
	水	53	51.5	51.5	51.5
内墙涂料	水性高分子聚合物分散体	40	30	35	45
	金红石型钛白粉	15	20	18	20
	碳酸钙	15	18	16	15
	水性聚氨酯增稠剂	0.45	1.0	0.5	0.45
	聚丙烯酸铵盐类分散剂	0.5	0.8	1	1.2
	聚醚改性有机硅类消泡剂	0.4	0.5	0.6	0.8
	非离子型表面活性剂	0.3	0.4	0.6	0.6
	水	28.25	27.15	28.2	16.65
	铁质金属类催干剂	0.1	0.15	0.2	0.15

制备方法

（1）将多元醇及助溶剂置于反应釜中，升温至 180～200℃。反应釜作为反应装置，能够精准设置反应所需温度、准确控制搅拌速度及保障保温效果等。

（2）将称取的所述多元乳酸、丙烯酸单体及催化剂滴加至所述反应釜中，反应 3～5h。多元乳酸和丙烯酸单体及催化剂优先进行混合后，再向反应釜中滴加，以避免多元乳酸、或丙烯酸单体、或丙烯酸单体与催化剂、或多元乳酸与催化剂，进入反应装置中与处于 180℃以上的多元醇发生其他副反应，影响最终反应产物等。控制滴加的速度在 3～5h，使反应单体能充分反应，形成稳定的分子结构，提供良好的耐水性及耐候性。

（3）将步骤（2）反应获得的溶液的 pH 值调节至偏碱性，降温至 120℃，然后加入称取的乙二醇丁醚和三乙胺，保温混合处理；控制 pH 值在 7～8，然后降温。控制保温混合处理的时间为 30～50min。

（4）用称取好的水稀释步骤（3）获得的溶液；为了避免后续蒸馏时间过长，先降温至 70℃左右，然后控制加入的水恰好能将步骤（3）获得的溶液稀释至固含量在 50%左右，并保温 20～30min。

（5）对经步骤（4）稀释后的溶液进行蒸馏处理；为避免蒸馏过程中产物转化成其他物质，采用减压蒸出溶剂的方式进行蒸馏。

（6）将制备的水性高分子聚合物分散体用于内墙涂料的方法：按照所述质量比称取各配方组分，然后在常温下将部分水、分散剂、钛白粉、碳酸钙等，按500～800r/min搅拌速度搅拌，然后按1000～1500r/min的研磨速度分散研磨至少15min后，在转速500～800r/min下加入称取的所述水性高分子聚合物分散体、增稠剂、分散剂、消泡剂、润湿剂及催干剂，继续在500～800r/min的搅拌速度下搅拌15min，然后将剩余的水加入，调节黏度至适中，继续以在500～800r/min的搅拌速度搅拌至乳液均匀即可。

原料介绍

所述多元乳酸和多元醇均提取自玉米，单体来源广泛，无需消耗石油资源，具有很好的可再生性。

所述多元乳酸选用苯酐，对苯二甲酸，己二酸中的至少一种。多元乳酸具有良好的活性，可增加漆膜的柔性。

所述多元醇选用2,3-丁二醇、1,6-己二醇中的至少一种。多元醇具有良好的耐水性。

所述水性丙烯酸单体为甲基丙烯酸，正丁酯中的至少一种。所述水性丙烯酸单体具有良好的硬度及增强成膜性功能。

所述催化剂优选二正丁基氧化锡类化合物中。

所述助溶剂优选乙二醇单丁醚，丙二醇单丁醚及异丁醇中的至少一种。

所述水性高分子聚合物分散体为上述制备方法制备的水性高分子聚合物分散体。

所述钛白粉为金红石型钛白粉或锐钛矿型钛白粉。

所述增稠剂为水性聚氨酯增稠剂，可提供良好的抗水性。

所述分散剂为高分子量的聚丙烯酸铵盐类分散剂。

所述消泡剂为聚醚改性有机硅类消泡剂。

所述润湿剂为非离子型表面活性剂，能提供良好的润湿及稳定效果。

所述催干剂为铁质金属类催干剂，属于铁钴类化合物。

产品应用 本品主要用作内墙涂料。

产品特性 本品制备工艺简单，制备的内墙涂料成分均匀，分散性良好，体系稳定性高，无分层或聚沉现象，可以长时间放置。

配方43 水性环保除虫清漆

原料配比

原料	配比（质量份）
水	300
助剂	5
缓释载体（二氧化硅）	20
杀虫剂（氯菊酯）	1
胺菊酯	1
乳液	600
成膜助剂	30

续表

原料	配比（质量份）
丙二醇	20
消泡剂 RD4100	3
黏度调节剂 D201	10
H180	10

制备方法

（1）在搅拌缸中加入1/3的水，以200r/min开启搅拌，再逐一按比例加入助剂、缓释载体和杀虫剂。

（2）提高搅拌速度到1000r/min以上，高速分散15min。

（3）将物料分散成稳定浆料后，再转容积较大的搅拌缸，以200r/min慢速搅拌，逐一添加乳液、成膜助剂、丙二醇、消泡剂、黏度调节剂和剩余的水，搅拌均匀即得水性环保除虫清漆。

原料介绍

所述缓释载体为多孔性硅藻土或二氧化硅。

所述杀虫剂为一种或多种菊酯混合物或其他卫生用杀虫剂，并相应地可以添加或不添加增效剂。

还可以添加一种或多种水性透明色浆调色，制成透明有色水性杀虫清漆。如100份水性杀虫清漆添加1份水性透明红，制成透明红色水性杀虫清漆。

产品应用 本品主要应用于墙体或器物上。

产品特性 本品用刷子或其他类似的物件涂刷或喷涂后，水分蒸发，乳液干燥后成透明漆膜，有别于杀虫乳胶漆（杀虫乳胶漆施工后是一种有遮盖带颜色的漆膜），可以在任意有害虫的地方施工，例如：厨房、卫生间、房间的四角墙脚，不影响原有装饰，透明漆膜坚韧。杀虫剂通过水性乳胶漆固有的透气功能与缓释载体配合，当家居害虫如蟑螂、蚂蚁、蚊子、臭虫、苍蝇等小虫爬经杀虫清漆的漆膜，接触到漆膜表面的杀虫剂，就会被杀虫剂溶解身上的脂肪层，进而导致昆虫的神经系统瘫痪，直到死亡。杀虫剂透过缓释载体的细微孔隙和水性漆膜的微孔隙逐步释放，可保持长久的杀虫功效，有别于一般气雾剂、熏蒸剂。

配方 44 水性环保内、外墙涂料

原料配比

原料	配比（质量份）		
	1#	2#	3#
水	260	360	460
润湿剂	0.8	1.2	1.6
滑石粉	80	100	120
轻质碳酸钙	240	270	300

续表

原料	配比（质量份）		
	1#	2#	3#
重质碳酸钙	40	50	60
立德粉	30	40	50
金钛白粉	30	40	50
激活负离子粉	30	40	50
苯丙乳液	80	100	120
丁醚	0.8	1.2	1.6

制备方法

将水、润湿剂、滑石粉、轻质碳酸钙、重质碳酸钙、立德粉、金钛白粉、激活负离子粉、苯丙乳液、丁醚按配比均匀混合制得涂料。

产品应用 本品主要用作环保无害的水性环保内、外墙涂料。

产品特性 本品可持续释放高浓度羟基负离子，可达到1500~2000个/cm^3；可高效去除室内空气中的甲醛、苯、氡、氨等多种有害物质，消除率大于90%。此外，本品还有明显的抗菌作用，具有净化空气和保护身体健康的作用。

配方45 水性抗菌涂料（一）

原料配比

原料	配比（质量份）
水	22
纳米二氧化钛光催化剂	1
分散剂	0.1
DAP（聚羧酸盐类）	0.1
NXZ（矿物油类）	0.2
SN-154（聚醚改性的聚硅氧烷）	0.1
醇酯-12	1.2
乙二醇	1.2
钛白粉	11
碳酸钙	1.7
立德粉	4
滑石粉	12
高岭土	6
苯丙乳液	17
纯丙乳液	20
羟乙基纤维素浆	13.2
AT-06（聚羧酸类）	0.7
AS-881（超细硅酸铝）	3
聚氨酯改性聚醚	0.1

制备方法

将纳米二氧化钛光催化剂加入涂料乳液、水以及各种添加剂和填料的混合物中，然后利用机械剪切作用混合均匀即可。

原料介绍

所述的分散剂可选用六偏磷酸钠/5040/P19 等原料；

所述的碳酸钙可选用轻质碳酸钙和重质碳酸钙；

所述的填料粒度为 200～400 目，可选用钛白粉、滑石粉和高岭土、立德粉等。

产品应用 本品主要用于装饰室内灰泥墙、混凝土、砖石建筑；也可用于装饰石膏、砖墙；还可广泛应用于木板、石棉板的表面装饰。

产品特性 本品冻结温度低、耐水耐碱、抗拉及抗剪切强度高；具有安全无毒、抗菌除臭的效果；对环境无污染，能降解有机污染物，可用水洗抹；性价比优良。

配方 46 水性抗菌涂料（二）

原料配比

原料	配比（质量份）		
	1#	2#	3#
水性环氧树脂	30	26	45
改性聚二丁烯树脂	43	38	45
丙烯酸树脂乳液	42	40	5
成膜助剂	4	3	8
高岭土	7	6	8
滑石粉	8	6	4
羟乙基纤维素	3	2	5
羟丙基甲基纤维素	5	4	5
消泡剂	5	4	5
成膜助剂	5	4	5
纳米二氧化钛	12	11	13
纳米银抗菌剂	12	11	14
纳米硅溶胶	15	12	18
壳聚糖	50	45	55
十二烷基苯磺酸钠	7	6	8
甘胆酸钠	7	6	8
聚乙烯吡咯烷酮－纳米银复合材料	30	25	38

制备方法 将各组分原料混合均匀，然后高速分散研磨即可。

产品应用 本品是一种水性抗菌涂料。

产品特性 本品具有无毒、无污染、不易燃烧、无刺激性气味、价廉等优点；本品采用壳聚糖、纳米银抗菌剂及纳米二氧化钛作为抗菌成分，环保无污染，对人体和环境不会产生毒害，抗菌效果持久，附着力强，适用于多种场合；具有良好杀菌特性，能够自行杀灭附着在涂料上的细菌、病菌；原料利用率高、成本低、工艺简单且保护环境，使用该涂料具有良好的耐水性、附着力和化学稳定性，同时在涂层受热的情况下不妨碍阻燃体系的阻燃性能。从使用效果来看，该涂料的延伸性能好，拉伸强度大，保色能力强，有效改善了水性涂料在涂布中附着力差的现象。

配方 47 水性纳米负离子环保功能漆

原料配比

原料		配比（质量份）			
		1#	2#	3#	4#
醋丙共聚乳液与弹性自交联乳液混合物		440	350	500	520
水		250	200	280	300
颜料	TiO_2	225	150	200	300
填料	$CaCO_3$	40	25	50	75
	$SiO_2 \cdot MgO$	40	25	75	75
	$SiO_2 \cdot Al_2O_3$	40	25	50	75
防护剂	$BaSO_4$	50	25	50	75
纳米增强剂	ZQ -1	30	20	—	40
	NCX -1	—	—	25	—
天然带电矿石负离子素		27	25	27	35
助剂	润湿剂 CN -528	4	3	—	5
	润湿剂 X -405	—	—	3.5	—
	分散剂 SPEX W40	4	3	—	5
	分散剂 SN -5040	—	—	3.5	—
	消泡剂 DEFOAMER SF246	5	4	—	6
	消泡剂 JD -8	—	—	5	—
	稳定剂 AMP -95	4	3	4.5	4
	流平剂 WIN -8	4	4	5	6
	增稠剂 HBR -250	3	2	3.2	3
	防霉剂 AFS	4	3	—	5
	防霉剂 A -54	—	—	4.5	—
	防冻剂丙二醇	25	20	—	30
	防冻剂乙二醇	—	—	25	—
	成膜助剂丙二醇苯醚	25	20	—	35
	成膜助剂乙二醇丁醚	—	—	30	—

制备方法 将各组分原料混合均匀，然后高速分散研磨即可。

原料介绍

所述醋丙共聚乳液与弹性自交联乳液混合物中醋丙共聚乳液与弹性自交联乳液的质量比为8∶2，所述的弹性自交联乳液为改性的丙烯酸酯聚合自交联乳液。

所述颜料为1250目以上的金红石型钛白粉。

所述填料为$CaCO_3$、$SiO_2 \cdot MgO$、$SiO_2 \cdot Al_2O_3$的混合物。

所述纳米增强剂采用水性的，市售的有ZQ-1和NCX-1都可使用。

所述天然带电矿石负离子素，系天然矿石，带永久电极，经激活后，遇到水分可释放出负离子。由于空气有湿度，所以它可以永久释放出负离子。

所述防霉剂应采用无甲醛的为好。

所述防冻剂采用丙二醇；成膜助剂采用丙二醇苯醚，也可以采用乙二醇和乙二醇丁醚配合使用。

产品应用 本品主要应用于建筑物内墙。

产品特性 本品的关键是在涂料中加入了三种添加剂——硫酸钡、天然带电矿石负离子素和纳米增强剂，在醋丙共聚乳液与弹性自交联乳液混合物形成的高分子作用下，配以1250目以上的颜料，制成具有特定结构形态的乳胶粒，喷刷在建筑材料表面成膜后，形成致密的网状结构，可大大降低放射性氡气的析出率；再加上硫酸钡，可以吸收氡气和辐射，防治放射性氡气的污染；同时天然带电矿石被激活后可以永久释放负离子，中和空气中带正电荷的有机物苯、氡、TVOC和细菌等，又能分解甲醛。因此，对空气中的五大污染物都可以达到防治的目的，从而提高室内空气质量，保障人体身心健康。

配方48 水性纳米抗菌吸音涂料

原料配比

原料		配比（质量份）		
		1#	2#	3#
丙烯酸树脂乳液	平均粒径为0.3～0.5μm的醋丙乳液	28	—	—
	平均粒径为0.15～0.5μm的醋叔乳液	—	32	—
	平均粒径为0.15～0.5μm的苯丙乳液	—	—	22
水性纳米银抗菌剂		1	2	0.5
钛白粉		8	5	12
填料	325～600目的重质碳酸钙	18	—	—
	325～600目的滑石粉	—	15	—
	325～600目的高岭土	—	—	22

续表

原料		配比（质量份）		
		1#	2#	3#
膨胀珍珠岩	15~40目开孔性膨胀珍珠岩	12	15	11
助剂		5	7.75	3.065
水		加至100	加至100	加至100

制备方法

（1）预混合：将制造涂料所需水的一半、水性纳米银抗菌剂、分散剂、润湿剂、1/2的消泡剂、防霉剂、增稠剂、pH调节剂加入分散缸中，以300~500r/min的搅拌速度搅拌15~25min，形成果冻状流体。

（2）分散：向步骤（1）制得的流体中加入钛白粉与填料，以1200~1500r/min的速率高速分散20~30min，形成厚浆型流体。

（3）制漆：向步骤（2）制得的浆体中加入成膜助剂和保湿剂，以500~800r/min的速率分散2~5min，再加入丙烯酸树脂乳液，以500~800r/min的速率搅拌均匀，然后将开孔性膨胀珍珠岩分为2~3份，每次加入一份，以300~500r/min的速率搅拌均匀后再添加另一份，最后加入剩余的消泡剂和水，搅拌均匀，送检。

（4）检验合格后，包装。

原料介绍

所述丙烯酸树脂乳液选自醋丙乳液、醋叔乳液、苯丙乳液、纯丙乳液、硅丙乳液中的任意一种或几种。

所述水性纳米银抗菌剂主要成分为纳米二氧化钛与银离子交换体。

所述膨胀珍珠岩为15~40目开孔性膨胀珍珠岩。

所述填料为325~600目的重质碳酸钙、滑石粉、高岭土、硅灰石粉、石英粉、重晶石粉的任意一种或几种。

所述助剂包括分散剂、润湿剂、消泡剂、防霉剂、增稠剂、pH调节剂等。

所选用的增稠剂为羟乙基纤维素或有机膨润土增稠剂。

产品应用 本品主要用于音乐厅、影剧院、大会堂、医院病房、无菌室的建筑物内墙、顶棚等部位的涂装。

产品特性 本品中，纳米银抗菌剂既具有纳米二氧化钛本身的可见光和紫外光下杀菌、抗病毒，降解细菌、有机物的作用，又具有在没有光源下的纳米银强效抗菌、杀灭病毒作用。因此本品具有抗菌性，抑制霉菌，净化空气中的有机物及异味的特效，吸音效果好，安全环保。

配方 49　水性纳米涂料

原料配比

<table>
<tr><th colspan="3" rowspan="2">原料</th><th colspan="3">配比（质量份）</th></tr>
<tr><th>1#</th><th>2#</th><th>3#</th></tr>
<tr><td colspan="3">乳液</td><td>40</td><td>60</td><td>50</td></tr>
<tr><td colspan="3">纳米 SiO_2</td><td>22</td><td>25</td><td>20</td></tr>
<tr><td colspan="3">颜填料</td><td>10</td><td>12</td><td>15</td></tr>
<tr><td colspan="3">成膜助剂醇酯-12</td><td>11</td><td>8</td><td>13</td></tr>
<tr><td colspan="3">水</td><td>20</td><td>30</td><td>25</td></tr>
<tr><td colspan="2" rowspan="3">分散剂</td><td>羧甲基纤维素</td><td>8</td><td>—</td><td>—</td></tr>
<tr><td>硅酸钠</td><td>—</td><td>9</td><td>—</td></tr>
<tr><td>六偏磷酸钠</td><td>—</td><td>—</td><td>11</td></tr>
<tr><td colspan="3">硅烷偶联剂</td><td>8</td><td>6</td><td>5</td></tr>
<tr><td colspan="2" rowspan="2">乳化剂</td><td>辛基酚聚氧乙烯醚</td><td>1</td><td>3</td><td>—</td></tr>
<tr><td>苯乙基酚聚氧丙烯聚氧乙烯醚</td><td>—</td><td>—</td><td>2</td></tr>
<tr><td colspan="3">消泡剂磷酸三丁酯</td><td>4</td><td>3</td><td>2</td></tr>
<tr><td colspan="3">流平剂聚醚改性二甲基硅氧烷</td><td>3</td><td>1</td><td>2</td></tr>
<tr><td colspan="3">WT-105A 增稠剂</td><td>3</td><td>2</td><td>4</td></tr>
<tr><td rowspan="4">比例</td><td rowspan="2">乳液</td><td>苯丙乳液</td><td>2</td><td>2</td><td>2</td></tr>
<tr><td>纯丙乳液</td><td>1</td><td>1</td><td>1</td></tr>
<tr><td rowspan="2">颜填料</td><td>滑石粉</td><td>1</td><td>1</td><td>1</td></tr>
<tr><td>钛白粉</td><td>1</td><td>1</td><td>1</td></tr>
</table>

制备方法

（1）先将分散剂加热后溶于水中，加入 1/2 量的成膜助剂后，进行搅拌混合，搅拌速度为 200～250r/min，搅拌 10～15min，搅拌均匀；

（2）向步骤（1）中的浆料中加入颜填料，并调节搅拌速度至 300～350r/min，搅拌 10～20min，制成浆料；

（3）将苯丙乳液和纯丙乳液及剩余量的成膜助剂进行混合，在 250～300r/min 下搅拌 20～30min，制得混合乳液；然后将纳米材料和分散剂进行搅拌混合，在 100～200r/min 下搅拌 15～20min，向纳米材料中加入偶联剂，在 200～300r/min 下继续搅拌 30～50min，得到纳米 SiO_2 浆料；

（4）将步骤（2）中制得的浆料及制得的纳米 SiO_2浆料加入苯丙乳液和纯丙乳液的混合乳液中，再次调节搅拌速度至 150～200r/min，搅拌 1～3h；

（5）在搅拌过程中加入乳化剂、消泡剂、流平剂及增稠剂，继续搅拌 20～30min，静置后得到水性纳米涂料。

产品应用 本品是一种水性纳米涂料。

产品特性 该水性涂料制备工艺简单易行、成本低廉、涂料性能良好。

配方 50 水性内墙环保乳胶漆

原料配比

原料	配比（质量份）	
	1#	2#
水	28.32	22.67
分散剂	1	1
增稠剂	2	2.1
润湿剂	0.2	0.2
消泡剂	0.3	0.3
钛白粉	25	27
煅烧高岭土	12	5
700 目重质碳酸钙粉	—	5
滑石粉	—	2.5
成膜物质	31	34
pH 调节剂	0.15	0.2
防霉杀菌剂	0.03	0.03

制备方法

将分散剂、增稠剂、消泡剂在水中混匀，加入颜填料，高速分散至细度合格；然后在低速下加入精选的成膜物质、润湿剂、pH 调节剂和杀菌防霉剂，搅拌均匀；检验合格后，过滤、包装。

原料介绍

所述分散剂选自聚丙烯酸钠盐 5040、聚羧酸铵盐 5027 、聚丙烯酸铵盐 GA40、改性聚丙烯酸钠盐 731A 中的一种或几种的混合物。

所述增稠剂选自羟乙基纤维素 250HBR、QP15000H、ER52M、不含溶剂的非离子聚氨酯增稠剂 420、RM8W 中的一种或几种的混合物。

所述润湿剂选自美国气体化学、美国陶氏化学、德国科莱恩公司生产的 DC01、SA8、SA9、407、265 中的一种或几种的混合物。

所述消泡剂选自科宁公司的 A10、A34。

所述颜填料为钛白粉、重质碳酸钙粉、高岭土、滑石粉中的一种或几种的混合物。

所述成膜物质为塞拉尼斯公司的 1608。

所述 pH 调节剂选自氨水（28%）、陶氏化学公司的 AMP–95 中的至少一种。

所述防霉杀菌剂为罗门哈斯公司的 LXE、索尔公司的 ACTICIDE · MV、索尔公司的 ACTICIDE · EPW 中的任一种。

增稠剂为不含溶剂的非离子聚氨酯增稠剂的一种或一种以上的混合物，因此 VOC 含量低。

润湿剂可选用商品名为 DC01 的表面活性剂，该品不含 APEO，且无 VOC。

消泡剂选自科宁公司的 A10、A34，该类产品系采用了特殊分子结构的消泡物质与聚硅氧烷合成的新型消泡剂，具有更低 VOC 含量和更强的持久消泡能力。

成膜物质为塞拉尼斯公司的 1608，是一种非增塑的基于乙烯和乙酸乙烯共聚物水分散的 VAE 乳液。该乳液没有任何溶剂或增稠剂，自成膜，低气味，不需加防冻剂，在冻融方面有很好的表现。

产品应用 本品主要应用于建筑内墙。

产品特性

（1）制作简单，原料品种简单；

（2）不含有 APEO，将有害物质降到最少；

（3）挥发性有机物排放量近似于零；

（4）不需要加入成膜助剂、乙二醇、丙二醇等物质；

（5）具有低温成膜性和出色的低温稳定性、耐擦洗、附着力强、抗污性较好，综合性能比普通乳胶漆好；

（6）具有较好的稳定性，长期使用不会产生开裂、掉粉现象，装饰效果好，施工方便；

（7）低气味，安全可靠，是一种真正意义上的水性内墙环保乳胶漆。

配方 51 水性内墙乳胶漆

原料配比

原料	配比（质量份）
防腐剂	0.2
分散剂	0.5
助溶剂	1.0
润湿剂	0.1
水	48.8
重质碳酸钙	5.0
轻质碳酸钙	12.0
绢云母	10.0
乳液	20.0
成膜助剂	1.0
增稠剂	1.0
消泡剂	0.2
氨水	0.2

制备方法

（1）在搅拌釜中加入水，再加入防腐剂、分散剂、助溶剂、润湿剂等，并低速搅拌均匀；

（2）在搅拌釜中将重质碳酸钙、轻质碳酸钙、绢云母制成涂浆，并搅拌均匀；

（3）将步骤（1）中物料泵入步骤（2）的搅拌釜中，高速分散至颜填料达到规定细度；

（4）在低速搅拌下依次加入乳液、成膜助剂、增稠剂、消泡剂；

（5）搅拌均匀，经调节 pH 值后，经过滤、包装，制成合格成品。

原料介绍

分散剂为聚丙烯酸钠、六偏磷酸钠；乳液为乙酸乙烯-丙烯酸共聚物、乙酸乙烯均聚物、苯乙烯-丙烯酸共聚物；增稠剂为羟甲基纤维素、羟乙基纤维素；防腐剂为苯甲酸钠、异噻唑啉酮；润湿剂为有机磷酸盐、非离子型表面活性剂；消泡剂为磷酸三丁酯；成膜助剂为醇酯-12、丙二醇苯醚；助溶剂为乙二醇、丙二醇。

产品应用 本品用于建筑内墙。

产品特性 本品不含钛白粉及含硅成分，有益环保及人体健康，光洁度高，仍具有良好遮盖力，对人体无过敏性刺激，是一种低成本的环保水性内墙乳胶漆。

配方 52 水性绒面涂料

原料配比

原料			配比（质量份）		
			1#	2#	3#
A 组分	8	彩色聚合物微球	25	30	20
		丙烯酸树脂	30	25	35
		乙二醇乙醚乙酸酯	0.75	0.5	1.0
		磷酸三丁酯	3.5	2	5
		聚乙烯蜡	1.5	0.5	2.5
		二甲苯	50	40	60
		乙酸丁酯	50	40	60
		六亚甲基二异氰酸酯	9	80	10
		乙二醇-乙醚	30	25	35
		吐温-60	0.2	0.1	0.5
B 组分	1	彩色聚合物微球	20	20	20
		丙烯酸树脂	15	15	15
		乙二醇乙醚乙酸酯	1.0	1.0	1.0
		磷酸三丁酯	5	5	5
		聚乙烯蜡	2.5	2.5	2.5
		二甲苯	60	60	60
		乙酸丁酯	60	60	60
		六亚甲基二异氰酸酯	10	10	10
		乙二醇-乙醚	35	35	35
		吐温-60	0.5	0.5	0.5

制备方法

按以下步骤分别配制 A 组分、B 组分：

（1）按上述质量份比将彩色聚合物微球、丙烯酸树脂、磷酸三丁酯、乙二醇-乙醚、吐温-60 加入搪瓷釜中搅拌均匀，然后投入强力分散机中完全分散，再转入调和设备中，加入二甲苯、乙酸丁酯及聚乙烯蜡，充分调匀后，过滤、包装；

（2）按上述质量份比将六亚甲基二异氰酸酯与乙二醇乙醚乙酸酯放入溶料锅中充分混匀后，过滤、包装。

产品应用 本品主要应用于居室内部的装修。使用时按组分 A：组分 B＝8：1 配比配料，充分调匀。采用喷涂法施工，时间间隔 1～3h，喷涂 3～4 次，可显示柔和的绒面。

产品特性 本品色彩丰富，耐水、吸音、隔热，耐久性好，能给居室营造柔和润滑、华贵优雅质感。绿色环保，VOC 低，而且配方科学，制作工艺简单，合理。

配方 53 水性乳胶内墙涂料

原料配比

原料		配比（质量份）
A 组分	甲基丙烯酸甲酯	18.5
	丙烯酸辛酯	22.8
	乳化剂	3
	引发剂	0.2
	水	57.8
B 组分	纳米碳酸钙浆液	443
	其他颜料	27.5
	助剂 A	0.82
	助剂 B	0.91
	助剂 C	28

制备方法

（1）将全部乳化剂和等量水及 1/2 丙烯酸辛酯和 1/2 甲基丙烯酸甲酯放入搅拌反应器中搅拌，进行反应并达到引发温度；

（2）在步骤（1）所获得的物料中加入 1/2 引发剂和等量水，进行体系反应至发蓝状态，并在聚合温度下保持恒温；

（3）在步骤（2）所获物料中加入剩余所有物料和等量水继续进行反应，直至聚合反应结束，得到 A 组分；

（4）在容器中加入纳米碳酸钙浆液，以 150r/min 转速搅拌后，加入助剂 A，并以 700r/min 进行高速搅拌；

（5）在步骤（4）所获物料中加入其他颜料，以 700r/min 进行高速搅拌后，用 800 目网过滤；

（6）在另一容器中加入 A 组分、助剂 B，以 250r/min 进行搅拌；

(7) 将步骤 (6)、步骤 (5) 所得物料进行充分搅拌后，加入助剂 C，进行黏度、pH 调节，消泡后灌装，即可得成品。

原料介绍

所述的乳化剂可选用烷基酚聚氧乙烯醚。

所述的引发剂可选用硫酸铵。

所述的其他颜料可选用高岭土、滑石粉、重晶石。

所述的助剂 A 可选用分散剂。

所述的助剂 B 可选用多功能助剂、防霉剂、杀菌剂。

所述的助剂 C 可选用消泡剂、增稠剂。

产品应用 本品主要用作建筑内墙刷涂的水性乳胶内墙涂料。

产品特性 本品具有漆膜外观平整光滑，光泽度高，附着力、硬度、柔韧性强等优良特性，并具有耐磨、耐洗刷、耐污染等积极效果，可抗 100℃ 以上的高温；成本较低。

配方 54 水性吸波涂料

原料配比

原料	配比（质量份）	
	1#	2#
水	18	18
分散剂	0.5	0.6
润湿剂	0.5	0.2
消泡剂	0.5	0.8
防腐剂	0.5	0.2
增稠剂	0.3	0.4
钛白粉	15	12
填料	15	18
碳化钛基微管	2	3
乳液	49.2	46.2

制备方法

先加水、分散剂、润湿剂、消泡剂、防腐剂进行混合，再加入增稠剂进行高速分散，接着投钛白粉和填料，同样进行高速分散，然后改为中速分散，投入碳化钛基微管；过滤，中速分散，添加乳液、增稠剂，然后调漆、过滤、调和、消泡，包装，得成品。

原料介绍

所述碳化钛基微管的制备方法：以 $TiCl_4$ 为原料气体，以碳螺旋微管纤维为原料纤维，以 H_2 为载气，以高纯 Ar 为保护气体，以化学气相沉积为工艺在碳螺旋微管纤维上沉积 TiC，制得 C/TiC 微管或 TiC 微管；反应温度为 800～1300℃，H_2 流量为 50～150mL/min，Ar 流量为 50～150mL/min，$TiCl_4$ 流量为 5～15mL/min，反应时间为5~150min。

所述增稠剂为纤维素增稠剂、碱溶胀型增稠剂或聚氨酯增稠剂。

所述乳液为丙烯酸酯弹性乳液。

所述填料为轻钙、重质碳酸钙或高岭土。

产品应用 本品可于内墙体、顶棚、地面、门窗、家具等，吸收来自室内外各个方向的电磁辐射波，防止杂波反射，洁净室内的电磁环境。

产品特性 本品采用碳化钛基微管作为吸波材料，可大大提高吸波涂料的吸波性能。

配方55 水性天然环保涂料

原料配比

原料		配比（质量份）					
		1#	2#	3#	4#	5#	6#
聚乙二醇	PEG-1000	15	—	19	15	—	19
	PEG-1500	—	10	—	—	10	—
丙烯酸树脂		6	8	4	6	8	4
硅藻泥	粒径为5nm，表面积为600m²/g，孔隙率为85%以上	14	—	20	14	—	20
	粒径为2nm，表面积为400m²/g，孔隙率为85%以上	—	10	—	—	10	—
膨胀蛭石	粒径为3nm	12	—	—	12	—	—
	粒径为1.5nm	—	15	—	—	15	—
	粒径为5nm	—	—	10	—	—	10
金红石型纳米钛白粉	粒径为30nm	8	—	—	8	—	—
	粒径为20nm	—	5	—	—	5	—
	粒径为50nm	—	—	10	—	—	10
托马琳	粒径为300nm	18	—	—	18	—	—
	粒径为200nm	—	20	—	—	20	—
	粒径为400nm	—	—	16	—	—	16
氧化锌		0.03	0.02	0.04	0.03	0.02	0.04
缔合型聚氨酯类增稠剂		—	—	—	3	1.6	4
水		30	25	40	30	25	40

制备方法

（1）按照上述水性涂料的原料组成，将聚乙二醇、硅藻泥、膨胀蛭石、钛白粉、托马琳、氧化锌在水中分散均匀，得到分散液；分散的方法和条件均为本领域常规的方法和条件。分散一般在涂料分散罐内，采用搅拌分散的方式进行，搅拌速率为

300～1000r/min 较佳，400～800r/min 更佳；分散时间为 15～30min 较佳。

（2）将丙烯酸树脂和上述分散液混合均匀，即得成品。混合的方法和条件均为本领域常规的方法和条件。混合一般在涂料分散罐内，采用高速剪切的方式进行，高速剪切的速率为 2000～3000r/min 较佳，2500～3000r/min 更佳；混合时间为 15～30min 较佳。

原料介绍

所述聚乙二醇为本领域常规使用的聚乙二醇，用量较佳的为 10～20 份，数均分子量较佳的为 1000～1500，更佳的为 PEG-1000 和/或 PEG-1500 聚乙二醇。

所述丙烯酸树脂为本领域常规使用的丙烯酸树脂。较佳的为 KH-0807 水溶性丙烯酸树脂。

所述硅藻泥为本领域常规使用的硅藻泥，一般呈粉状，较佳的为纳米级硅藻泥，粒径较佳的为 2～10nm，更佳的为 5nm，所述纳米级硅藻泥的表面积较佳的为 400～1000m^2/g，孔隙率较佳的为≥85%。

所述膨胀蛭石为本领域常规使用的膨胀蛭石，较佳的为纳米级膨胀蛭石，粒径较佳的为<10nm，更佳的为 1.2～5nm。

所述钛白粉为本领域常规使用的钛白粉，用量较佳的为 6～8 份，较佳的为纳米级钛白粉，更佳的为金红石型纳米钛白粉和/或锐钛矿型纳米钛白粉。金红石型纳米钛白粉的粒径较佳的为 20～50nm；锐钛矿型纳米钛白粉的粒径较佳的为 15～50nm。

所述托马琳为本领域常规使用的托马琳，又称电气石，用量较佳的为 17～19 份，较佳的为纳米级托马琳，粒径较佳的为 10～500nm，更佳的为 200～400nm。

另外，所述水性涂料较佳的还包括增稠剂，可为缔合型聚氨酯类增稠剂，用量较佳的为 1.5～6 份，更佳的为 1.6～4 份。

产品应用 本品主要应用于软体布料和玻璃纤维毡料。

产品特性

（1）本品通过在涂料配方中加入特定比例的硅藻泥、膨胀蛭石和氧化锌，达到了天然、无味、无毒、环保的效果，对人体健康和人类居住环境的改善有极大的帮助作用。

（2）本品具有去甲醛、除异味和有害菌体的功能，并且可有效清除在室内装饰装修过程中使用的装潢材料挥发出来的刺激性气味，达到净化室内空气的作用。

（3）本品的制备方法工艺简单，生产时对操作人员无不良影响，适于产业化生产。

配方 56 水性无机仿铜涂料

原料配比

原料		配比（质量份）
A 组分	水玻璃	145
	苯丙乳液	32
	氨水	0.6

续表

原料		配比（质量份）
B组分	铜粉	41
	锌粉	49
	氧化锌	4
	滑石粉	6
	碳酸钙	85

制备方法

(1) 在混合机中加入水玻璃、苯丙乳液、氨水，充分搅拌均匀，经胶体研磨，混合得到A组分；

(2) 在混合机中加入铜粉、锌粉、氧化锌、滑石粉、碳酸钙，进行充分搅拌，混合均匀后得到B组分。

产品应用 本品主要用作室内装饰喷涂或刷涂的水性无机仿铜涂料。

使用方法：施工时，将A组分、B组分混合均匀，采用喷涂或刷涂等方法涂于装饰物表面即可。

产品特性 本品具有无污染、安全、卫生、环保等优点，并具有仿真度高，金属质感强，金属光泽度、装饰效果好等特性，还具有硬度高、耐磨、耐擦伤、耐候性好、耐高温、不燃、不变色等优良特质。

配方57 水性无机负离子涂料

原料配比

原料	配比（质量份）		
	1#	2#	3#
水	15	18	20
润湿剂	0.1	0.1	0.1
分散剂	0.5	0.5	0.5
消泡剂	0.5	0.5	0.5
成膜助剂	2	2	1
防冻剂	0.5	0.5	0.5
增稠剂	0.8	0.8	0.8
硅酸钠溶液	22	20	22
无机分散剂	0.6	0.25	0.6
颜填料	25	20	20
特种云母粉	15	25	15
氧化锌	2	2	1.5
有机硅聚合物溶液	16	20	20

制备方法

（1）以质量份计，依次向搅拌机中加入水、润湿剂、分散剂、60%的消泡剂、成膜助剂、防冻剂、25%的增稠剂、硅酸钠溶液、无机分散剂，进行搅拌，搅拌速度为300～500r/min，搅拌时间为15～20min；

（2）调节搅拌速度为1100～1500r/min，加入颜填料，搅拌，搅拌时间15～20min；

（3）继续加入特种云母粉，搅拌15～20min；

（4）继续加入氧化锌，搅拌15～20min；

（5）调节搅拌速度为300～500r/min，继续加入有机硅聚合物溶液、75%的增稠剂、消泡剂，搅拌10～15min，研磨后过滤，得水性无机负离子涂料。

原料介绍

所述的特种云母粉为四川鑫炬矿业生产的微晶云母粉。

所述的硅酸钠溶液的模数为2.6～3，相对密度为1.3～1.5。

所述有机硅聚合物溶液为哥拜耳公司生产的GBG－1型号的有机硅聚合物溶液。

所述氧化锌为99%活性氧化锌。

所述的无机分散剂为DISPERSOGEN SPS硅酸盐涂料分散剂。使用该无机分散剂克服了硅酸盐涂料储存稳定性差的缺点。

所述润湿剂型号为BYK－346。

所述分散剂型号为324。

所述消泡剂型号为367。

所述成膜助剂为伊士曼公司的醇酯-12；所述防冻剂为乙二醇；所述增稠剂为溶胀增稠剂4280。

所述颜填料是金红石型钛白粉、重质碳酸钙粉、滑石粉、高岭土粉和硅灰石粉。使用钛白粉、高岭土、重质碳酸钙、硅灰石粉，提高了涂料的遮盖率、悬浮性、施工流畅性、耐磨性。

所述的涂料中还可以加入玻璃微珠，制成隔热、隔音涂料。

所述的涂料中还可以加入碳纤维，做成超硬钢化涂料或防电磁波涂料。

产品应用 本品是一种无机负离子涂料。

产品特性

（1）本品最终制备的涂料具有负离子发生量高、超强附着力、超高硬度、耐候、耐高温、耐酸碱、良好的透气性、储存稳定性等优点。

（2）本品通过在涂料配方中加入特种云母粉，达到既释放负离子，也不产生辐射危害的目的；同时通过氧化锌、有机硅溶液改性硅酸钠溶液，使涂膜具备超强的附着力和硬度，防火阻燃，且具有耐水性、稳定性及耐高温性。本产品所得涂料不含有机溶剂和其他有毒有害物质，是环保产品。

配方 58 水性无机矿物多功能涂料

原料配比

原料	配比（质量份）		
	1#	2#	3#
金红石型钛白粉	20	20	23
纳米氧化铝粉	5	10	5.4
硅灰石粉	5	5	6
云母粉	5	5	5
陶瓷颜料	4	3	3
结合剂	46	40	35
润湿分散剂	0.4	0.3	0.5
成膜助剂	2.5	2.7	3
聚醚改性有机硅氧烷流平剂	0.6	0.5	1
丙烯酸类增稠剂	0.5	0.3	0.8
聚醚改性有机硅氧烷附着力促进剂	0.6	0.5	0.8
聚醚改性聚硅氧烷消泡剂	0.4	0.2	0.5
水	10	12.5	15

制备方法 将各组分原料混合均匀即可。

原料介绍 所述结合剂为由硅酸盐水溶液、聚硅氧烷树脂、纳米二氧化硅、甲基硅酸共聚形成互穿网络的水性液体。

产品应用 本品为主要用于室内装修的一种水性无机矿物多功能涂料。

产品特性 所述水性无机矿物多功能涂料施工简单、方便、快速，施工过程无污染，无异味残留，施工好的成品为哑光，经过本品处理过的材质表面，不产生静电，不吸附灰尘，抗紫外线，耐沾污、抗划伤、自清洁、不褪色，可防水、防腐、耐酸碱、阻燃耐火烧，可耐800℃以上的高温。阻燃耐火温度会因基材不同而异，在燃烧试验过程中不产生有害气体、无异味、不碳化。施工好的成品，无毒、无异味、无刺激性，用于室内装修，对环境和人体健康没有危害，整体装饰完工即可安心入住，真正做到装修过程无异味。

配方 59 吸附降解甲醛并释放负氧离子的节能型水性涂料

原料配比

原料	配比（质量份）												
	1#	2#	3#	4#	5#	6#	7#	8#	9#	10#	11#	12#	13#
羟乙基纤维素	30	—	—	—	—	—	—	—	—	—	—	—	—
甲基丙烯酸羟乙酯	—	30	—	—	—	—	—	—	—	—	—	—	—

续表

原料	配比（质量份）												
	1#	2#	3#	4#	5#	6#	7#	8#	9#	10#	11#	12#	13#
聚乙烯醇［碱化度60%（摩尔分数），重均分子量为2000］	—	—	30	—	—	—	—	—	—	—	—	—	—
聚乙烯醇［碱化度65%（摩尔分数），重均分子量为2000］	—	—	—	30	30	—	—	—	—	—	—	—	—
聚乙烯醇［碱化度65%（摩尔分数），重均分子量为3500］	—	—	—	—	—	20	—	—	15	15	15	15	15
聚乙烯醇［碱化度75%（摩尔分数），重均分子量为10000］	—	—	—	—	—	—	20	20	—	—	—	—	—
硅藻土	—	—	—	—	—	60	—	—	—	—	—	—	—
重质碳酸钙	—	—	—	—	—	—	—	—	100	—	—	—	—
灰钙	—	—	—	—	—	—	—	—	—	100	—	—	—
重质碳酸钙和灰钙的组合	—	—	—	—	—	—	—	—	—	—	100	—	—
硅藻土和重质碳酸钙的组合	—	—	—	—	—	—	—	—	—	—	—	100	—
硅藻土、重质碳酸钙、灰钙的组合	40	40	40	40	40	—	60	60	—	—	—	—	100
纳米蒙脱土	—	—	—	—	—	20	—	—	—	—	—	—	—
绢云母	—	—	—	—	—	—	20	—	—	—	—	—	—
纳米蒙脱土和绢云母的组合	20	20	20	20	5	—	—	20	25	25	25	25	25
纳米托马琳粉（160 nm）	10	—	—	—	—	—	—	5	8	—	—	—	8
纳米托马琳粉（180 nm）	—	10	—	—	—	—	—	—	—	—	—	—	—
纳米托马琳粉（200 nm）	—	—	10	10	10	5	5	—	—	8	8	—	—

续表

原料	配比（质量份）												
	1#	2#	3#	4#	5#	6#	7#	8#	9#	10#	11#	12#	13#
氧化石墨烯/$Zn_4O(BDC)_3$，复合材料（粒径为50 nm）	3	—	—	—	—	0.5	0.5	0.5	—	—	5	5	—
氧化石墨烯/$Zn_4O(BDC)_3$复合材料（粒径为150 nm）	—	3	—	—	—	—	—	—	0.5	0.5	—	—	0.5
氧化石墨烯/$Zn_4O(BDC)_3$复合材料（粒径为200 nm）	—	—	3	3	3	—	—	—	—	—	—	—	—
纤维素（重均分子量为40000）	5	5	5	5	5	5	5	5	5	5	5	5	5
去离子水	适量	适量	适量	适量	适量	适量	适量	适量	适量	适量	适量	适量	适量

制备方法

（1）将羟基型水溶性树脂加入水中，加热搅拌至羟基型水溶性树脂完全溶解后，冷却至室温，过滤得到羟基型水溶性树脂溶液；加热温度为80～100℃，搅拌速度为400～600r/min。

（2）将水、助剂混合搅拌均匀，加入第一填料、第二填料、负离子粉，在高速搅拌机作用下混合，研磨成颜料浆；高速搅拌机的搅拌速度为1200～1500r/min。

（3）在羟基型水溶性树脂溶液中加入上述颜料浆，加热搅拌，混合均匀，过滤、除杂、烘干后得到所述吸附降解甲醛并释放负氧离子的节能型水性涂料。加热搅拌的温度为100℃，搅拌速度为600～800r/min。

原料介绍

所述第一填料选自硅藻土、重质碳酸钙、灰钙中的一种或几种，所述第二填料选自纳米蒙脱土和/或绢云母。

所述第一填料与第二填料的质量比为（2～8）∶1。

所述节能型水性涂料还包括5～15质量份的负离子粉，可选自纳米托马琳粉、磁铁粉、银粉、铝粉、锌粉中的一种或几种的组合，其中纳米托马琳粉的粒径为160～200nm。

所述负离子粉是一种天然带电的极性晶体，其两端形成正极和负极，是一种永久性带电体。

所述羟基型水溶性树脂选自羟基纤维素、聚乙烯醇、羟基丙烯酸中的一种。

所述羟基纤维素选自羟乙基纤维素、羟丙基纤维素、羟丙基甲基纤维素、甲基羟乙基纤维素，羟丙基甲基纤维素、邻苯二甲酸酯中的一种。

所述羟基丙烯酸选自甲基丙烯酸羟乙酯、甲基丙烯酸-2-羟丙酯、甲基丙烯酸-3-羟丙酯、2-羟甲基丙烯酸乙酯、2-甲基丙烯酸-2-羟基丙酯、2-丙烯酸-2-羟基丙基酯、甲基丙烯酸-4-羟丁酯、2-甲基-2-丙烯酸-2,3-二羟基丙酯、对羟基苯基丙烯酸、4-羟基-3-甲氧基苯丙烯酸、4-羟基丁基丙烯酸酯、2-甲基-2-丙烯酸-3-氯-2-羟基丙基酯中的一种。

所述羟基型水溶性树脂为聚乙烯醇。其中聚乙烯醇的碱化度大于或等于60%（摩尔分数），重均分子量为1000~10000。更优选地，聚乙烯醇的碱化度为65%~75%（摩尔分数），重均分子量为2000~5000。

所述节能型水性涂料还包括0.5~5质量份的氧化石墨烯/Zn_4O（BDC）$_3$复合材料，颗粒直径为50~200 nm。

可以采用如下方法制备氧化石墨烯/Zn_4O（BDC）$_3$复合材料：

（1）在浓硫酸中加入高锰酸钾、硝酸钠、石墨粉，在0℃下搅拌分散，待反应4h后转移至恒温水浴锅，升温至35℃，反应1h后加入水，搅拌分散，反应温度低于100℃，反应一段时间后加入水直至无H_2O_2气体出现。随后趁热过滤，用稀盐酸、水交替洗涤，直至无硫酸根离子，然后在烘箱中于80℃下干燥，即可得到氧化石墨烯粉末。

（2）将一定量的氧化石墨烯粉末分散到*N*,*N*-二甲基甲酰胺和甲醇的混合液中，悬浮液超声分散均匀，加入$Zn(NO_3)_2 \cdot 6H_2O$和对苯二甲酸（H_2BDC），超声分散均匀后，转移至聚四氟乙烯衬里的不锈钢自生压力釜中，在恒温干燥烘箱中于120℃下反应12h，反应结束后，待其自然冷却。用*N*,*N*-二甲基甲酰胺洗涤混合物两次，再用甲醇洗混合物一次，然后在室温下干燥，得到白色的固体粉末，最后将此固体粉末置于高温下真空干燥12h，即可得到氧化石墨烯/Zn_4O（BDC）$_3$复合材料。

所述节能型水性涂料还包括助剂，其中助剂选自增稠剂、分散剂、成膜助剂、消泡剂、中和剂、润湿剂、流变改性剂中的一种或几种。分散剂，例如聚磷酸盐、硅酸盐、聚羧酸盐、聚丙烯酸衍生物；成膜助剂，例如醇酯-12、聚乙二醇类；消泡剂，例如有机硅、矿物油；中和剂，例如二甲基乙醇胺、乙醇胺、氢氧化钾、氨水；润湿剂，例如硅氧烷、多元醇、含氟表面活性剂；流变改性剂，例如非离子聚醚类化合物。

所述增稠剂可以选自纤维素、聚丙烯酸类化合物以及聚氨酯缔合型增稠剂。

所述增稠剂为纤维素，重均分子量为40000~80000。

所述助剂还包括乙醇胺中和剂，使涂料的pH值控制在7~8。

产品应用 本品是一种能吸附降解甲醛并释放负氧离子的节能型水性涂料。

施工步骤：将所述节能型水性涂料与水混合，搅拌分散均匀成膏状涂料；在建筑物内墙的水泥砂浆抹灰层表面涂刷2~4遍上述膏状涂料。

产品特性

(1) 涂层具有良好的透气性和吸水性，并没有出现起皮、开裂、起泡等问题。本产品的面层和基层属一类材质，在内墙基层就开始使用本产品，使其达到从基层开始环保、透气的理念。此外，产品涂覆上墙后具有透气、调湿并且耐水性强的特效，既能克服有机墙面材料寿命短的缺点，又能有效地提高内墙材料的使用寿命。由于基层具有良好的透气性和耐水性，所以不会出现基层不透气而产生的起皮、开裂、起泡、酥化、泛黄、分离问题。因此墙面二次翻新过程中无需铲除基层和面层，直接在表面涂覆本产品，由此减少了翻新产生的建筑垃圾，还节省了人力，并且节约了翻新基层材料，实现节能环保。

(2) 本品中使用羟基型水溶性树脂为基底材料，加入硅藻土、重质碳酸钙、灰钙的组合物作为填料，由于这些物质的表面含羟基官能团，能与水溶性树脂中的羟基以微弱的氢键相连，形成水化稳定状态，从而消耗水溶性树脂的羟基。这种水化稳定状态既能弱化羟基型水溶性树脂的自交联程度，保证涂料的透气性，又避免水溶性树脂因羟基数量过多而引起耐水性差的问题。

配方60 吸附空气中微小粒子的木制品表面水性UV涂料

原料配比

原料	配比（质量份）						
	1#	2#	3#	4#	5#	6#	7#
异佛尔酮二异氰酸酯	15	15	18	18	20	20	25
聚四氢呋喃二醇	50	55	55	50	50	55	60
二羟甲基丙酸	5	4	5	4	4	3.5	3
甲基丙烯酸羟乙酯	5	4	5	4	4	3.5	3
三乙基胺	4	3.5	4	3	3	4	3
光引发剂2-羟基-2-甲基-1-苯基-1-丙酮	2	1.5	1	2	1.5	2	1
二月桂酸二丁基锡	2	2	1	2	1	2	0.5
纳米银	9.5	7.5	6	10	8.5	4.5	2
贝壳粉	7.5	7.5	5	7	8	5.5	2.5

制备方法

(1) 将异佛尔酮二异氰酸酯、聚四氢呋喃二醇依次加入搅拌釜中，搅拌均匀；

(2) 依次加入二羟甲基丙酸、甲基丙烯酸羟乙酯、三乙基胺，调节至黏度为用涂-4 杯测量时流出时间为 10～35s；

（3）1500～2000r/min 转速条件下分散 20～30min；

（4）在高速搅拌条件下缓慢添加光引发剂、二羟甲基丙酸、二月桂酸二丁基锡；

（5）加入纳米银和贝壳粉，所得产物即为可吸附空气中微小粒子的木制品表面水性 UV 涂料。

产品应用 本品主要用作吸附空气中微小粒子的木制品表面水性 UV 涂料。

产品特性 在木制品表面水性 UV 涂料中引入了纳米银、贝壳粉来制备可吸附空气中微小粒子的涂料。纳米银是粒径为纳米级的金属银单质，具有非常好的抗菌作用和吸附功能，可以将空气中的微小细菌进行分解，从而达到杀菌、消毒、净化空气的作用。贝壳粉是贝壳粉碎的粉末，其 95% 的主要成分是碳酸钙，还有少量氨基酸和多糖物质。贝壳粉中碳酸钙可以对室内烟味、婴幼儿病人、宠物、霉菌所散发的气味以及室内杂味都具有有效的去除作用，尤其对吸烟时在室内所散发的一氧化碳和浮游粉尘具有吸附作用。经过煅烧处理的贝壳粉微细颗粒为多孔纤维状双螺旋体构造，具有净化空气、消除异味、抗菌、抑菌等多种功效，并有效去除空气中的游离甲醛、苯、氨等有害物质及因宠物、吸烟、垃圾所产生的异味。此外，贝壳粉的多孔结构有利于制成具有光触媒特性的水性 UV 涂料添加剂。由于纳米银良好的吸附性能及抗菌抑菌作用，贝壳粉很好的杀菌消毒及吸附异味的作用，因此通过加入纳米银和贝壳粉制备的木制品表面水性 UV 涂层将具有更好的吸附性和抗菌、抑菌性。这种具有优良吸附性能的可吸附空气中微小粒子的木制品表面水性 UV 涂料，在涂于木制品表面做面漆时，光固化速率快，且具有较好的吸附性、抗菌性，能有效吸附空气中的微小粒子，杀死空气中的细菌，起到洁净空气的作用，保证木制品表面水性 UV 涂料的使用性能。

配方 61 新型矿物净化水性内墙涂料

原料配比

原料	配比（质量份）				
	1#	2#	3#	4#	5#
除醛乳液	22	18	15	20	16
羟乙基纤维素醚	0.2	0.4	0.5	0.3	0.3
硅藻泥	30	28	25	23	20
金红石型 TiO_2	18	20	22	20	20
分散剂	0.5	0.8	1.2	0.5	0.8
润湿剂	1.2	0.8	0.5	1.2	0.7
防沉防冻剂	1.0	1.5	1.8	1.4	1.6
消泡剂	0.1	0.2	0.3	0.2	0.2
抗氧剂	1.0	1.2	1.5	2.0	1.8
其他助剂	1	2	3	4	5
水	加至 100	加至 100	加至 100	加至 100	加至 100

制备方法

在分散缸中加入配方总量25%的水和羟乙基纤维素醚，并进行中速分散10～15min后，加入分散剂、润湿剂、消泡剂、防沉防冻剂，中速分散10min，然后混入金红石型TiO_2及硅藻泥，高速搅拌分散15min，再用砂磨机磨砂细度至30～50μm，然后加入除醛乳液、抗氧剂、其他助剂、余量水，中速搅拌10min。取样检测至黏度、细度、pH值均合格即可。中速分散的速度为600～800r/min，高速分散的速度为1000～1500r/min。

原料介绍

所述的硅藻泥为原生态矿物质，成分主要是蛋白石及其变种，其次是黏土矿物——水云母、高岭石和矿物碎屑。矿物碎屑有石英、长石、黑云母及有机质等，有机物含量从微量到30%以上。

所述的防沉防冻剂为聚酰胺蜡。

所述的其他助剂为催干剂，表面活性剂，流变助剂，防霉剂和活性成膜助剂中的一种或几种。

产品应用 本品是一种新型矿物净化水性内墙涂料。

产品特性

(1) 本品最大限度地利用了除醛乳液的除醛特性和硅藻泥的净醛特点，达到有效除醛的目的。利用除醛乳液对甲醛等有害气体的降解和硅藻泥多孔材料对甲醛等有害气体的有效吸附、过滤，并在微孔内发生多重化学反应等的特性，达到净味除醛的目的。

(2) 本品还具有消音降噪、消除异味等多功能功效。

(3) 本品具有优异的抗碱性能、出色的耐擦洗性能、遮盖力强、施工简便等优点。

二、室外涂料

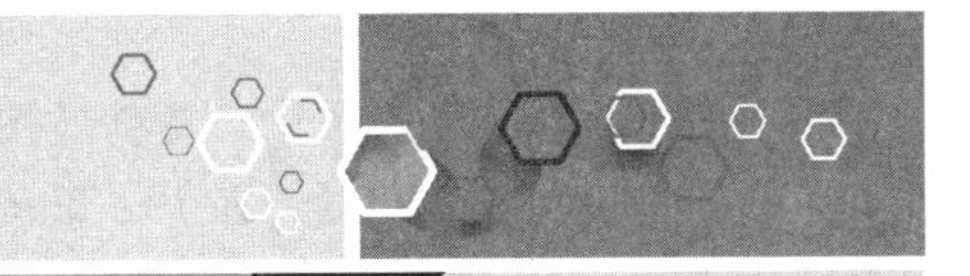

配方 1　包含水性染色彩砂的砂壁状涂料

原料配比

水性染色彩砂

原料		配比（质量份）
水性复合染色剂		120
石英砂		1000
石英砂	10～20 目的石英砂	1
	20～40 目的石英砂	1
	40～80 目的石英砂	1
	80～120 目的石英砂	1
水性复合染色剂	硅溶胶	500
	VAE 乳液	230
	水性色浆	50
	pH 调节剂	1
	钛白浆	5
	硅烷偶联剂	12
	软水	252

砂壁状涂料

原料		配比（质量份）	
		1#	2#
基础浆料		260	320
水性染色彩砂（40～80 目）		240	230
水性染色彩砂（80～120 目）		450	400
水性染色彩砂（20～40 目）		50	50
基础浆料	软水	88.5	73
	杀菌防霉剂（WL-30）	1	—
	杀菌防霉剂（WL-3）	—	2
	纤维素（HBR2500）	2	3
	丙二醇	10	20
	成膜助剂（TEXANAL）	8	11
	pH 调节剂（AMP95）	0.5	1
	硅丙乳液（996AD）	150	210

制备方法

将基础浆料加入反应釜中，开动搅拌，在100~200r/min的搅拌速度下投入水性染色彩砂，控制投入速度，在10~30min投完，防止染色彩砂结块，加完后继续搅拌20~30min，得到砂壁状涂料。

原料介绍

所述水性复合染色剂为用以下方式制得的产物：

(1) VAE乳液pH调节步骤：将VAE乳液加入软水中，在400~500r/min的搅拌条件下搅拌5~10min；然后再在400~500r/min搅拌条件下缓慢滴加pH调节剂，用广泛pH试纸测试混合液pH值为8.5~9.5时为止。

(2) 添加硅溶胶步骤：在500~600r/min搅拌条件下向步骤（1）得到的溶液中缓慢加入硅溶胶、水性色浆和钛白浆，搅拌10~15min。

(3) 添加硅烷偶联剂步骤：在800~1000r/min搅拌条件下向步骤（2）得到的溶液中缓慢加入硅烷偶联剂，搅拌15~20min，制得水性复合染色剂。

所述硅溶胶优选为模数3.0、SiO_2含量在25%~30%的中性硅溶胶，pH调节剂优选为AMP95，硅烷偶联剂优选为KH550。

所述水性染色彩砂为用以下方式制得的产物：

(1) 将10~20目、20~40目、40~80目和80~120目的石英砂按1∶1∶1∶1的比例投入搅拌器中，在80~120r/min的转速下喷入水性复合染色剂，喷完后搅拌5~10min；

(2) 将步骤（1）得到的混合料倒入回转烘干机，控制温度在50~100℃烘干；

(3) 将步骤（2）得到的烘干料按10~20目、20~40目、40~80目、80目以上筛分分级，得到不同粒径的水性染色彩砂。

所述基础浆料为用以下方式制得的产物：将配方量的软水加入反应釜中，在700~900r/min的速度下投入纤维素，分散10~15min；在700~900r/min的速度下依次加入杀菌防霉剂、丙二醇、成膜助剂、pH调节剂，分散10~15min，在400~500r/min下加入硅丙乳液，搅拌均匀制得基础浆料。

所述纤维素优选为羟乙基纤维素。

所述成膜助剂优选为醇酯-12、乙二醇丁醚、丙二醇丁醚中的一种或几种。

所述pH调节剂优选为AMP95。

所述硅丙乳液优选为996AD，所述的杀菌防霉剂优选为WL-3。

所述石英砂的粒径为10~20目、20~40目、40~80目、80~120目中的一种或多种。

产品应用 本品主要应用于建筑涂料领域，是一种包含水性染色彩砂的砂壁状涂料。

产品特性

(1) 本品采用的水性染色彩砂耐磨性能好、亲水性强，与水性树脂相容性好，颜色均匀稳定、耐候性好，可根据颜色需要进行生产。该水性染色彩砂解决了耐磨性差的问题，与砂壁状涂料中的成膜剂相容性好，仅需常温或低温干燥就能满足性能要求，用其制得的砂壁状涂料更具亲水性，同时染色彩砂颜色更加稳定，可以缩短生产调色时间，提高功效。

（2）水性染色彩砂，解决了天然彩砂资源匮乏和颜色不稳定的问题，从而丰富了砂壁状涂料的色彩，同时缩短了砂壁状涂料的生产时间，提高了生产效率，降低了生产成本；砂壁状涂料具有良好的亲水性，耐沾污性优异，耐水性、耐候性优异。

配方 2　超耐火水性膨胀型防火涂料

原料配比

原料		配比（质量份）		
		1#	2#	3#
分散剂		0.2	0.3	0.3
成膜助剂		0.6	1	1.2
羟基硅油和水		2	0.7	2
丙烯腈/乙酸乙烯酯/丙烯酸-2-乙基己酯共聚物乳液		25	20	15
多聚磷酸铵		25	25	20
季戊四醇		15	12	20
三聚氰胺		23	20	15
钛白粉		5	8	9.5
硼酸锌		3	10	13
氯化石蜡		1.2	3	4
聚丙烯酰胺		0.005	0.008	0.01
预乳化液	丙烯腈	50	55	60
	乙酸乙烯酯	50	55	60
	丙烯酸-2-乙基己酯	50	55	60
	水	300（体积）	350（体积）	400（体积）
	十二烷基磺酸钠和壬基苯基聚乙氧基醚复合乳化剂	1	1.1	1.2
丙烯腈/乙酸乙烯酯/丙烯酸-2-乙基己酯共聚物乳液	过硫酸钾	0.5	0.8	1
	十二烷基磺酸钠	0.8	0.9	1
	水	100（体积）	150（体积）	200（体积）
	预乳化液	200（体积）	225（体积）	250（体积）
	亚硫酸氢钠	0.5	0.8	1

制备方法

（1）将分散剂、成膜助剂、羟基硅油和水放入分散罐，在500～600r/min的转速下搅拌分散5～10min后，加入丙烯腈/乙酸乙烯酯/丙烯酸-2-乙基己酯共聚物乳液、多聚磷酸铵、季戊四醇、三聚氰胺、钛白粉、硼酸锌、氯化石蜡，调高转速至1400～1600r/min，继续搅拌分散15～20min；

（2）向上述分散后的混合物中加入聚丙烯酰胺，混合后放置在磁力搅拌机上搅拌均匀，搅拌转速为100～200r/min，之后将其移入烘箱，在105～110℃下烘干，研磨成30～40目的粉末，即得到超耐火水性膨胀型防火涂料。

原料介绍

所述的丙烯腈/乙酸乙烯酯/丙烯酸-2-乙基己酯共聚物乳液由以下方法制成：称取丙烯腈、乙酸乙烯酯、丙烯酸-2-乙基己酯各50～60g，放入500mL的三角烧瓶中，并加入300～400mL的水，搅拌均匀后继续加入十二烷基磺酸钠和壬基苯基聚乙氧基醚复合乳化剂1～1.2g，置于磁力搅拌机上，在转速为500～600r/min的条件下搅拌30～40min，形成白色黏稠的预乳化液，备用；称取0.5～1g过硫酸钾，0.8～1g十二烷基磺酸钠，连同100～200mL水一起加入装有温度计、冷凝管和电动搅拌器的500mL四口烧瓶中，整体放入水浴锅，水浴加热到70～80℃，用磁力搅拌机搅拌均匀，搅拌转速为100～200r/min；取200～250mL上述制得的预乳化液和0.5～1g亚硫酸氢钠，混合并搅拌均匀，之后取出溶液总量的1/3滴加到上述水浴后的混合液中，控制滴加速度，使其20min内滴完，水浴保温30～60min，水浴温度70～80℃；再将剩下溶液总量的2/3继续缓慢滴加，控制速度在3～4h内滴加完毕，水浴保温1～2h后降温至45℃以下，过滤，用质量浓度为2%的氨水调节其pH值到8～9，制得丙烯腈/乙酸乙烯酯/丙烯酸-2-乙基己酯共聚物乳液。

所述的十二烷基磺酸钠和壬基苯基聚乙氧基醚复合乳化剂中两者质量比为2∶3。

产品应用 本品是一种超耐火水性膨胀型防火涂料。

产品特性

（1）该方法以丙烯腈共聚物作为基料，可以增加基料与膨胀阻燃体系之间的作用时间，使得涂料的耐火时间为50～60min，涂料的泡层厚度为20～30mm，具有优异的防火性能；

（2）该方法制作的涂料工艺简单、成本低、效果好。

配方3 单组分透明水性聚氨酯乳液防水涂料

原料配比

原料	配比（质量份）			
	1#	2#	3#	4#
异氟尔酮二异氰酸酯	20	30	26	24
聚丙二醇	60	50	48	40
二月桂酸二丁基锡	0.05	0.06	0.04	0.05

续表

原料	配比（质量份）			
	1#	2#	3#	4#
端羟基聚硅氧烷	3	6	8	10
二羟甲基丙酸	3.5	3.4	2	4
丙烯酸羟乙酯	3.2	3.4	3	4
甲基丙二醇	3.8	3.8	4	5.8
三乙胺	6	1.4	4	6.2
三羟甲基丙烷缩水甘油醚	3.3	2	5	—
三羟甲基丙烷缩水甘油醚 + 甲基丙烯酸十二氟庚酯	—	—	—	6
过硫酸铵（固含量为40%～50%）	0.5	0.6	0.4	0.8
去离子水	适量	适量	适量	适量

制备方法

（1）将异氟尔酮二异氰酸酯、聚丙二醇、二月桂酸二丁基锡和端羟基聚硅氧烷按比例加入反应釜中，搅拌均匀，升温至75℃反应2h，再将溶解在*N*，*N*-二甲基甲酰胺中的二羟甲基丙酸加入混合体系中，加热到80℃反应3～4h；降温至60℃，加入甲基丙二醇、丙烯酸羟乙酯到体系中，继续保温反应4h，得到透明的水性聚氨酯乳液A。

（2）将乳液A降温至室温后，加入三乙胺、三羟甲基丙烷缩水甘油醚（或三羟甲基丙烷缩水甘油醚 + 甲基丙烯酸十二氟庚酯）快速搅拌30min，此过程用丙酮降黏；然后将转速调至1500r/min，缓慢加入经冷藏处理的去离子水进行乳化，搅拌15min，加入自由基引发剂过硫酸铵，加热到70℃，恒温反应3h。通过减压蒸出丙酮，得到产品。

原料介绍

所述端羟基聚硅氧烷的分子量可为1500～3000，硅氧烷分子量太大，会使乳液乳化困难，相分离严重，相同添加量时疏水性能变差；而分子量太小会严重降低膜的硬度，因此硅氧烷的分子量需控制在一定范围内。

所述的有机锡类引发剂可为二月桂酸二丁基锡、辛酸亚锡中的至少一种。

所述二异氰酸酯可为异佛尔酮二异氰酸酯（IPDI）、甲苯二异氰酸酯（TDI）、4,4-亚甲基二苯基二异氰酸酯（MDI）、六亚甲基二异氰酸酯（HDI）、4,4-亚甲基二环己基二异氰酸酯（$H_{12}MDI$）中的至少一种。

所述二元醇可为聚丙二醇（PPG）、聚乙二醇（PEG）、聚四氢呋喃二醇（PTMG）、聚己二酸1,6-己二醇酯、聚碳酸酯、聚丁二烯二醇中的至少一种，分子量可为1000～3000。

所述亲水扩链剂为磺酸型或羧酸型，可为1,2-二羟基-3-丙磺酸钠、二羟甲基丙酸、二羟甲基丁酸中的至少一种。

所述扩链剂可为一缩二乙二醇、1,4-丁二醇（BDO）、聚醚改性氢醌（HQEE）、环已烷二甲醇、甲基丙二醇、乙二胺和异佛尔酮二胺中的至少一种，优选甲基丙二醇。

所述中和剂可为三乙胺、三乙醇胺、氢氧化钠、*N*-甲基二乙醇胺、甲基丙烯酸、氨水中的一种，优选三乙胺。

所述丙烯酸酯单体可为丙烯酸羟乙酯（HEA）、甲基丙烯酸羟乙酯（HEMA）、甲基丙烯酸十二氟庚酯、甲基丙烯酸三氟乙酯、丙烯酸*N*-丙基全氟辛基磺酰胺基乙醇、甲基丙烯酸全氟辛基乙酯中的至少一种：当丙烯酸酯单体采用丙烯酸羟乙酯和甲基丙烯酸十二氟庚酯时，丙烯酸羟乙酯作为封端剂，加入量为剩余NCO数目的2倍，甲基丙烯酸十二氟庚酯作为氟元素的载体，加入量为原料总量的6%~10%。

所述自由基引发剂可为过硫酸铵。

所述交联剂可为三羟甲基丙烷缩水甘油醚、聚氮丙啶、WT-2102中的至少一种，优选三羟甲基丙烷缩水甘油醚。

所述硅烷偶联剂可为全氟辛基三乙氧基硅烷，全氟辛基三乙氧基硅烷作为粒子修饰剂。

产品应用 本品是一种单组分透明水性聚氨酯乳液防水涂料。

产品特性

（1）本品在聚氨酯分子链中引入了有机硅氧烷和含氟丙烯酸酯单体，并且选用的有机硅氧烷是经过聚醚改性后的产物，醚键的存在可以提高分子链在水中的溶解度，使得硅氧烷的加入量提升到10%。在成膜过程中，随着水分的挥发，低表面能的硅和氟元素，逐渐迁移至膜与空气的界面，形成疏水层，能够有效地提高疏水性能。

（2）本品同时在聚氨酯链段上引入了小分子的亲水基团羧基，起到自乳化的作用，无需外加乳化剂，聚氨酯就可以很好地分散在水中，形成均一稳定的水性聚氨酯乳液。

（3）本品选用了两种扩链剂：甲基丙二醇与丙烯酸羟乙酯。甲基丙二醇同样是一种多元醇，但它在扩链同时可以显著提高聚氨酯的硬度，内交联既避免了双组分聚氨酯的缺点，又能得到性能更加优异的乳液。

配方4 多功能水性可调色反射隔热涂料

原料配比

原料		配比（质量份）			
		1#	2#	3#	4#
水		19.6	17.55	15.65	10.7
增稠剂	羟乙基纤维素	0.5	0.35	0.4	0.2
多功能助剂	AMP-95（德谦公司）	0.1	0.2	0.15	0.1
分散剂	CA-2500疏水改性聚丙烯酸铵盐分散剂（罗门哈斯）	0.2	0.2	0.7	0.7

续表

原料		配比（质量份）			
		1#	2#	3#	4#
润湿剂	CF-10 聚羟基烷基醚类非离子型润湿剂（陶氏化学）	0.2	0.4	0.3	0.4
消泡剂	PA700（西班牙全保化工）或 CF246（布莱克本）	0.3	0.2	0.6	0.6
杀菌剂	吡啶硫酮锌	0.1	0.2	0.3	0.1
防腐剂	EPW 防霉剂（THOR 公司）	0.2	0.1	0.1	0.2
钛白粉	R-706 金红石型钛白粉	6	4	1	5
红外反射颜料	ALTIRIS550 钛白粉（亨斯迈）	8	10	16	7
填料	1083 重质碳酸钙	18	20	20	18
	沉淀硫酸钡	6	—	6	6
	煅烧高岭土	—	—	—	9
空心玻璃微珠	461WE20d36（阿克苏诺贝尔）	1	3	2	2
聚合物乳液	纯丙烯酸乳液	30	30	32	33
遮盖聚合物	不透明聚合物 OP-62（优创易）	2	2	3	3
成膜助剂	TEXANOL 多功能助剂（伊士曼）	0.5	0.5	1	1.5
防冻剂	丙二醇	1	1	0.5	2
附着力增强剂	RA27（江门康宇化工）	0.1	0.1	0.2	0.2
耐擦洗增强剂	RA11（江门康宇化工）	0.2	0.2	0.1	0.3
颜料	氧化铁黄	0.206	3.524	1.24	3.66
	酞菁蓝	0.028	0.003	0.02	0.3
	氧化铁红	0.089	0.15	0.01	1.2

制备方法

（1）将 10.7～19.6 份水和 0.2～0.5 份增稠剂加入分散缸中，在 600～800r/min 转速下分散 5～10min；

（2）将转速提高至 800～1000r/min，继续向分散缸中加入 0.1～0.2 份多功能助剂、0.2～0.7 份分散剂、0.2～0.4 份润湿剂、0.2～0.6 份消泡剂、0.1～0.3 份杀菌剂及 0.1～0.2 份防霉剂，在 800～1000r/min 转速下分散 5～10min；

（3）将转速提高至 1500～2000r/min，继续向分散缸中加入 1～6 份钛白粉、7～16份红外反射颜料以及 20～33 份填料，在 1500～2000r/min 转速下分散 10～15min，当分散缸中混合物的细度≤60μm 时继续执行下一个步骤；

（4）将转速调节至 600～800r/min，继续向分散缸中加入 1～3 份空心玻璃微珠，在 600～800r/min 转速下分散 3～5min；

（5）继续向分散缸中加入30～40份聚合物乳液、2～5份遮盖聚合物、0.5～1.5份成膜助剂、0.5～2份防冻剂、0.1～0.2份附着力增强剂以及0.1～0.3份耐擦洗增强剂，在600～800r/min转速下分散5～10min后所获得的混合物即为多功能水性可调色反射隔热涂料。

产品应用 本品主要用作水性建筑用装饰涂料领域。

将制得的多功能水性可调色反射隔热涂料添加氧化铁红、氧化铁黄、酞菁蓝、大红、酞菁绿以及有机橙中一种或多种，可配制成调色产品。

产品特性

（1）本品具有优异的反射隔热性能，选用性能高的功能性颜填料，配合成膜物质和助剂，制成可调色的反射隔热涂料，颜色多样可选，配色产品具有较高的近红外反射比及隔热温差。

（2）本品既满足了外墙底涂的标准，又满足了外墙面涂的标准，从而实现装饰施工时免上底涂层，只上面涂层就可达到理想装饰效果，简化了施工工艺，降低了施工成本。

（3）本品具有极佳的附着力及耐擦洗性能。

（4）本品选用环境友好型原材料制备而成，是健康环保的产品。

配方5 防腐蚀环保建筑水性涂料

原料配比

原料	配比（质量份）		
	1#	2#	3#
石墨烯	0.53	0.55	0.54
羟丙基甲基纤维素	0.10	0.12	0.11
聚酰胺	0.02	0.04	0.03
磷酸镁	0.07	0.09	0.08
脂肪酸山梨坦	0.05	0.07	0.06
聚山梨酯	0.03	0.05	0.04
六偏磷酸钠	0.12	0.14	0.13
有机硅乳液	0.06	0.08	0.07
环氧基硅烷改性硅溶胶	0.01	0.03	0.02
交联聚乙烯	0.22	0.25	0.24
过氧化苯甲酸丁酯	0.48	0.52	0.50
硅酸钠	0.08	0.12	0.10
磷酸三聚氰胺	0.23	0.25	0.24
正十二硫醇	0.13	0.15	0.14
季戊四醇	0.12	0.14	0.13
硅酸铝纤维	0.18	0.22	0.20
二氧化硅	0.38	0.46	0.42

续表

原料	配比（质量份）		
	1#	2#	3#
四氯间苯二甲腈	0.054	0.062	0.06
5-氯-2-甲苯-4-异噻唑啉-3-酮	0.054	0.062	0.06
2-正辛基-4-异噻唑啉-3-酮	0.054	0.062	0.06
丙二醇甲醚	0.04	0.06	0.05
丙二醇甲醚乙酸酯	0.04	0.06	0.15
醇酯-12	0.04	0.06	0.05
水性聚氨酯树脂	0.13	0.16	0.15
丙烯酸酯	0.03	0.05	0.04
桐油	0.46	0.52	0.48
钛白粉	0.80	0.86	0.83
碳化硅	1.50	2.15	1.82
聚乙烯醇	0.21	0.25	0.23
轻质碳酸钙	0.74	0.94	0.84
滑石粉	0.26	0.42	0.36
二氧化钛	0.18	0.21	0.20
玻璃纤维	0.05	0.07	0.06
氟树脂	0.13	0.16	0.15
水性环氧改性树脂	0.43	0.45	0.44
苯丙乳液	0.18	0.27	0.24
硅氧烷消泡剂	0.08	0.10	0.09
水	加至100	加至100	加至100

制备方法

（1）将聚酰胺、有机硅乳液、四氯间苯二甲腈、5-氯-2-甲苯-4-异噻唑啉-3-酮、2-正辛基-4-异噻唑啉-3-酮、环氧基硅烷改性硅溶胶、水性聚氨酯树脂、过氧化苯甲酸丁酯、磷酸三聚氰胺、丙烯酸酯、桐油、水性环氧改性树脂和苯丙乳液加入部分水中，利用搅拌机进行搅拌分散30min，同时加热至120℃，搅拌机转速为1500～2000r/min；

（2）将脂肪酸山梨坦、聚山梨酯、丙二醇甲醚、丙二醇甲醚乙酸酯、醇酯-12和硅氧烷消泡剂加入步骤（1）得到的混合溶液中，继续搅拌30min，温度控制在80℃，搅拌机转速为1500～2000r/min；

（3）将石墨烯、磷酸镁、六偏磷酸钠、硅酸铝纤维、硅酸钠、二氧化硅、钛白粉、碳化硅、聚乙烯醇、轻质碳酸钙、滑石粉、二氧化钛、玻璃纤维和氟树脂加入步骤（2）得到的混合溶液中，利用搅拌机进行搅拌分散50min，搅拌机转速为2000～2200r/min；

(4) 将羟丙基甲基纤维素、交联聚乙烯、正十二硫醇、季戊四醇加入步骤(3)得到的混合溶液中，同时加热至140℃，利用搅拌机进行搅拌分散30min，搅拌机转速为1500~2000r/min；

(5) 将步骤(4)得到的混合溶液在研磨机中进行高速研磨，研磨后的产物细度小于50μm；

(6) 在步骤(5)得到的混合溶液中加入pH调节剂，调节pH值为7~8，然后进行超声搅拌20min，超声搅拌的频率是45kHz，功率密度为10W/cm^2；

(7) 对步骤(6)得到的混合溶液进行过筛，过筛后加入剩余的水，控制黏度为80~90KU，即得防腐蚀环保建筑水性涂料。

产品应用 本品主要用作防腐蚀环保建筑水性涂料。

产品特性

(1) 本产品不含有毒有机溶剂，无污染；

(2) 漆面不会开裂，漆膜的拉伸率在200%以上；

(3) 抗老化、附着力强；

(4) 隔热性能好；

(5) 冲击强度高、耐热性好；

(6) 防腐蚀能力强。

配方6 复合型水性多彩建筑涂料

原料配比

原料		配比(质量份)		
		1#	2#	3#
粒子相		20	30	35
特种岩片		5	12	20
连续相		50	55	60
粒子相	基础相	40	50	60
	保护胶液	40	50	60
连续相	乳液	50	55	60
	防冻剂	1.5	2	2.5
	成膜助剂	3	3.5	4
	消泡剂	0.1	0.2	0.3
	水	35	40	45
	防霉剂	0.1	0.2	0.3
	防腐剂	0.05	0.15	0.3
	多功能助剂	0.05	0.12	0.2
	增稠剂	1	1.25	1.5

续表

原料		配比（质量份）		
		1#	2#	3#
基础相	水	40	45	50
	防霉剂	0.1	0.2	0.3
	防腐剂	0.05	0.15	0.3
	消泡剂	0.1	0.2	0.3
	稳定剂	0.1	0.3	0.5
	钛白粉	0.1	0.55	1
	高岭土	5	10	15
	硅灰石	5	7.5	10
	特种增稠剂	3	3.5	4
	多功能助剂	0.05	0.12	0.2
	乳液	25	30	35
	保护胶液	3.5	4	4.5

制备方法

（1）按质量份计，称取如下组分：水40～50份，防霉剂0.1～0.3份，防腐剂0.05～0.3份，消泡剂0.1～0.3份，稳定剂0.1～0.5份，钛白粉0.1～1份，高岭土5～15份，硅灰石5～10份，特种增稠剂3～4份，多功能助剂0.05～0.2份，按上述质量份物料混合在一起，并进行高速搅拌分散，备用。

（2）按质量份计，称取如下组分：乳液25～35份，保护胶液3.5～4.5份，加入步骤（1）制备好的混合液中，进行中速搅拌，调色处理制成基础相，备用；上述的调色处理是加入适量的色浆，以实现调色、对色处理。

（3）将步骤（2）所得的基础相按照质量份40～60份加入质量份为40～60份的保护胶液中，进行中速搅拌制成粒子相。

（4）按质量份计，称取如下组分：乳液50～60，防冻剂1.5～2.5份，成膜助剂3～4份，消泡剂0.1～0.3份，水35～45份，防霉剂0.1～0.3份，防腐剂0.05～0.3份，多功能助剂0.05～0.2份，增稠剂1～1.5份，按上述质量份的物料混合在一起，并进行中速搅拌，制成连续相，备用。

（5）按质量份计，取第三步所得粒子相20～35份，取特种岩片5～20份，按上述质量份的粒子相和特种岩片加入质量份为50～60份的连续相中，慢速搅拌均匀，制成复合型水性多彩建筑涂料。

原料介绍

所述的特种岩片为复合柔性超薄岩片。

所述的复合型水性多彩建筑涂料中还含有色浆。

所述的防霉剂是异噻唑啉酮类，防腐剂是异噻唑啉酮类，消泡剂是矿物油。

所述的乳液是硅丙核壳乳液。

所述的增稠剂包括聚氨酯类、丙烯酸酯类。

所述的稳定剂为改性阴离子表面活性剂。

所述的特种增稠剂为改性的有机膨润土。

所述的保护胶液为改性有机膨润土水溶液。

产品应用 本品是一种复合型水性多彩建筑涂料。

产品特性 本品色彩丰富，用喷枪喷涂，并辅以抹压、拉花辊涂等多种施工方法，产生丰富逼真的仿石效果；还同时具有装饰和保护墙面的功能，富有抗拉耐折、不易开裂的特点，有优异柔韧性，能弥补达1～2mm的裂痕，充分体现材料的外观装饰性、耐候性、保色性、耐磨性、耐沾污性、高度的防水性和杰出的抗渗透性；其优异的附着力和完美的遮盖率使涂层不易脱落、粉化、起壳等，并抗菌防霉；因此，本品具有较强的防潮、保温、隔音等功能，令建筑物外观不受破坏，最大限度地保护建筑物。

配方7 高固含量水性超薄膨胀型防火涂料

原料配比

原料		配比（质量份）						
		1#	2#	3#	4#	5#	6#	7#
水性乳液	水性乙酸乙烯酯乳液	36	25	—	—	—	—	—
	水性醋丙乳液	—	—	39.5	35	30	—	—
	水性乙酸乙烯-乙烯共聚物乳液	—	—	—	—	—	44	27
脱水成炭催化剂	蜜胺树脂包覆的聚磷酸铵	25	26	22	27	29	20	25
成炭剂	季戊四醇	8	13	7	9	8	6	9
发泡剂	三聚氰胺	10	10	8.4	9	10	7	10
填料	钛白粉	2	5	1	2	4	1.5	3
	可膨胀石墨	0.5	1.5	0.6	0.2	0.5	0.3	1.2
	气相二氧化硅	2	2.5	2	2	1.5	1	3
	轻质碳酸钙	1	2	2	2.2	3	2	1.5
	硼酸	0.5	1	0.5	—	1	0.5	1
	硼酸锌	—	—	—	0.5	0.5	0.5	0.8
	高岭土	—	—	—	1	0.5	—	2.5
	钛酸钾晶须	0.5	1	1	0.1	—	0.2	1
水		13.5	12	15	11	11	16	14

续表

原料		配比（质量份）						
		1#	2#	3#	4#	5#	6#	7#
助剂	润湿分散剂	0.3	0.5	0.3	0.2	0.4	0.5	0.5
	消泡剂	0.4	0.3	0.4	0.5	0.3	0.3	0.2
	成膜助剂	0.3	0.2	0.3	0.3	0.3	0.2	0.3

制备方法

（1）将脱水成炭催化剂、成炭剂、发泡剂、填料置于60℃的真空干燥箱中干燥24h；

（2）按比例称取干燥后的原料；

（3）将填料、润湿分散剂与水性乳液以50r/min转速混合调配成浆料备用；

（4）将水、消泡剂、脱水成炭催化剂、成炭剂、发泡剂进行混合，并将步骤（3）中的浆料逐步加入，以350r/min转速球磨分散1h，混合均匀；

（5）加入成膜助剂，以50r/min转速分散均匀后包装。

原料介绍

所述的可膨胀石墨目数在50～200目，膨胀率为100～400mL/g。

所述的助剂为成膜助剂、润湿分散剂和消泡剂。

所述的水性乳液为水性醋丙乳液、水性乙酸乙烯酯乳液、水性乙酸乙烯-乙烯共聚物乳液，其中所用乳液的固含量为40%～60%。

所述的脱水成炭催化剂为蜜胺树脂包覆的聚磷酸铵或三聚氰胺包覆的聚磷酸铵；且蜜胺树脂包覆的聚磷酸铵或三聚氰胺包覆的聚磷酸铵25℃时在水中的溶解度不大于0.04%。

所述的成炭剂为季戊四醇或双季戊四醇。

所述的发泡剂为三聚氰胺、双氰胺或三聚氰胺尿酸盐。

产品应用 本品主要应用于钢材、木材表面。

产品特性 本品制备的水性超薄膨胀型防火涂料，固含量高达60%～75%，受热时可形成强度较好的膨胀炭层，且与基材附着力好，具有较高的耐火极限。应用于船舶内舱可保证乘员健康要求，当火灾发生时可以增强船舶钢结构的安全性，延长人员的撤离时间，具有较好的现实意义。

配方8 高耐候水性墙体涂料

原料配比

原料	配比（质量份）					
	1#	2#	3#	4#	5#	6#
纯丙乳液	32	30	35	38	36	34
PEVE乳液	20	24	22	18	21	23
CPVC	8	9.5	10	8.8	9	8.5

续表

原料	配比（质量份）					
	1#	2#	3#	4#	5#	6#
纳米钛白粉	6	4.5	4	5	5.5	4.8
云母粉	12	14	11	15	10	16
水	17	20	16	18	21	15
过硫酸铵	1	1.5	1.5	1.5	1.5	1
四氢呋喃	适量	适量	适量	适量	适量	适量
非离子烷基乙烯基醚	0.2	0.3	0.4	0.4	0.3	0.2
三聚磷酸钠	0.4	0.3	0.5	0.2	0.4	0.3
醇酯－12	2	2.2	2.4	2.1	2.3	2.5
海藻酸盐	0.2	0.4	0.6	0.1	0.3	0.5
异噻唑啉酮衍生物	0.3	0.2	0.2	0.1	0.2	0.3
乙二醇	0.5	0.6	0.5	0.6	0.6	0.5
掺铝氧化锌	9	11	13	14	12	10

制备方法

（1）将掺铝氧化锌置于烘箱中，110℃下烘干2h；将聚丙烯酸钠溶于水中，加热至90℃，搅拌均匀得到改性溶液；将烘干后的掺铝氧化锌加入改性溶液中，用乙酸调节pH值为4.5；90℃下恒温反应2h，将产物抽滤后用水反复洗涤，得到滤饼，将滤饼置于烘箱中110℃下烘干2h，研磨后得到改性掺铝氧化锌备用。

（2）按配方量将纯丙乳液、PEVE乳液、CPVC在搅拌状态下加入四氢呋喃中，加入水后继续搅拌2h得到乳液，然后在1h内将过硫酸铵滴加入混合乳液中，滴加完毕后加热至45℃，聚合反应10h，静置、冷却至室温，得到混合乳液。

（3）按质量份称取各组分，将水加入分散缸，开启搅拌，调节转速至400r/min，将润湿剂、分散剂、防霉剂、乙二醇加入分散缸，搅拌20min，调节转速至4000r/min，将颜料、填料、步骤（1）得到的改性掺铝氧化锌加入分散缸，搅拌1h至检测刮板细度为40～45μm，调节转速至800r/min，将步骤（2）得到的混合乳液、成膜助剂加入分散缸，搅拌30min，将增稠剂加入分散缸，调节黏度至80～85KU，过滤包装后得到高耐候水性墙体涂料。

原料介绍

所述颜料为纳米钛白粉。

所述填料为云母粉或硅微粉。

所述润湿剂为非离子烷基乙烯基醚。

所述分散剂为三聚磷酸钠。

所述成膜助剂为醇酯-12。

所述增稠剂为海藻酸盐。

所述防霉剂为异噻唑啉酮衍生物。

产品应用 本品主要用作高耐候水性墙体涂料。

产品特性

（1）纯丙乳液、PEVE 乳液在各种乳液中属于耐候性能较好的两种乳液，所以本产品以该两种乳液作为涂料基体乳液；CPVC 由聚氯乙烯 PVC 经过氯化改性制得，具有极佳的耐臭氧老化性，其耐臭氧等级属于 A 级，因此本产品将其与纯丙乳液、PEVE 乳液进行了乳液聚合，使其能与涂料基体乳液形成较好的结合，在墙体涂料中能均匀地分散，从而有效提高墙体涂料的耐臭氧老化性。

（2）掺铝氧化锌是一种透明导电氧化物，具有很好的红外反射性能，不过其表面能较高，在涂料体系中容易团聚，因而本产品通过聚丙烯酸钠对其进行表面改性处理。聚丙烯酸钠的亲水基吸附于掺铝氧化锌的表面，并形成单包覆结构，大大降低了掺铝氧化锌的表面能和表面张力，大幅度削弱了其颗粒的聚集倾向，使其能均匀分散于涂料体系中，从而大大提高墙体涂料的红外反射性能。

配方 9 高强度环保建筑水性涂料

原料配比

原料	配比（质量份）		
	1#	2#	3#
石墨烯	0.54	0.56	0.55
羟丙基甲基纤维素	0.11	0.12	0.11
聚酰胺	0.03	0.05	0.04
磷酸镁	0.06	0.08	0.07
脂肪酸山梨坦	0.04	0.08	0.06
聚山梨酯	0.02	0.03	0.02
六偏磷酸钠	0.11	0.12	0.11
有机硅乳液	0.07	0.09	0.08
环氧基硅烷改性硅溶胶	0.01	0.02	0.01
交联聚乙烯	0.23	0.26	0.25
过氧化苯甲酸丁酯	0.45	0.54	0.48
硅酸钠	0.05	0.13	0.09
磷酸三聚氰胺	0.22	0.26	0.24
正十二硫醇	0.13	0.15	0.14
季戊四醇	0.11	0.13	0.12
硅酸铝纤维	0.17	0.21	0.19
二氧化硅	0.38	0.46	0.41
四氯间苯二甲腈	0.051	0.066	0.059
5-氯-2-甲苯-4-异噻唑啉-3-酮	0.051	0.066	0.058
2-正辛基-4-异噻唑啉-3-酮	0.051	0.06	0.056
丙二醇甲醚	0.03	0.06	0.05
丙二醇甲醚乙酸酯	0.03	0.06	0.05
醇酯-12	0.03	0.06	0.05

续表

原料	配比（质量份）		
	1#	2#	3#
水性聚氨酯树脂	0.12	0.17	0.15
丙烯酸酯	0.03	0.04	0.03
桐油	0.43	0.57	0.49
钛白粉	0.79～0.89	0.89	0.84
聚乙烯醇	0.19	0.27	0.24
轻质碳酸钙	0.73	0.97	0.87
滑石粉	0.23	0.45	0.35
二氧化钛	0.18	0.21	0.19
玻璃纤维	0.05	0.07	0.06
氟树脂	0.13	0.16	0.14
水性环氧改性树脂	0.43	0.45	0.44
苯丙乳液	0.18	0.27	0.25
硅氧烷消泡剂	0.08	0.10	0.09
水	加至100	加至100	加至100

制备方法

（1）聚酰胺、有机硅乳液、四氯间苯二甲腈、5-氯-2-甲苯-4-异噻唑啉-3-酮、2-正辛基-4-异噻唑啉-3-酮、环氧基硅烷改性硅溶胶、水性聚氨酯树脂、过氧化苯甲酸丁酯、磷酸三聚氰胺、丙烯酸酯、桐油、水性环氧改性树脂和苯丙乳液加入部分水中，利用搅拌机进行搅拌分散30min，同时加热至120℃，搅拌机转速为1500～2000r/min；

（2）将脂肪酸山梨坦、聚山梨酯、丙二醇甲醚、丙二醇甲醚乙酸酯、醇酯-12和硅氧烷消泡剂加入步骤（1）得到的混合溶液中，继续搅拌30min，温度控制在80℃，搅拌机转速为1500～2000r/min；

（3）将石墨烯、磷酸镁、六偏磷酸钠、硅酸铝纤维、硅酸钠、二氧化硅、钛白粉、聚乙烯醇、轻质碳酸钙、滑石粉、二氧化钛、玻璃纤维和氟树脂加入步骤（2）得到的混合溶液中，利用搅拌机进行搅拌分散50min，搅拌机转速为2000～2200r/min；

（4）将羟丙基甲基纤维素、交联聚乙烯、正十二硫醇、季戊四醇加入步骤（3）得到的混合溶液中，同时加热至140℃，利用搅拌机进行搅拌分散30min，搅拌机转速为1500～2000r/min；

（5）将步骤（4）得到的混合溶液在研磨机中进行高速研磨，研磨后的产物细度小于50μm；

（6）在步骤（5）得到的混合溶液中加入pH调节剂，调节pH值为7～8，然后进行超声搅拌20min，超声搅拌的频率是45kHz，功率密度为10W/cm^2；

（7）对步骤（6）得到的混合溶液进行过筛，过筛后加入剩余的水，控制黏度为80～90KU，即得高强度环保建筑水性涂料。

产品应用 本品是一种高强度环保建筑水性涂料。

产品特性

(1) 本品不含有毒有机溶剂，无污染；

(2) 漆面不会开裂，漆膜的拉伸率在200%以上；

(3) 抗老化、附着力强；

(4) 隔热性能好；

(5) 冲击强度高、耐热性好。

配方 10 隔热水性涂料

原料配比

原料	配比（质量份）
硅酸钠	0.17
磷酸三聚氰胺	0.15
季戊四醇	0.23
1,2-二甲基-5-乙酰氧基-1*H*-吲哚-3-羧酸乙酯	1.16
硅酸铝纤维	0.29
空心微珠	1.41
二氧化硅	0.69
羟乙基纤维素	0.19
杀菌防腐剂	0.45
成膜助剂	0.14
水性聚氨酯树脂	0.02
丙烯酸酯	0.05
桐油	0.27
钛白粉	0.19
聚乙烯醇	0.33
轻质碳酸钙	0.72
滑石粉	0.53
石膏粉	0.72
二氧化钛	0.09
硅烷化合物	0.55
瓜尔胶	0.15
氟树脂	0.29
水性环氧改性树脂	0.56
纯丙乳液	0.29
水	加至100

制备方法

(1) 将各成分原料按预定的质量比混合并搅拌，同时加热至110～120℃，控制搅拌机转速为500~600r/min，混合时间为10~15min；

（2）将消泡剂、成膜助剂和pH调节剂依次加入步骤（1）得到的混合物中，将混合物pH值调节至7.7~8.5；

（3）将步骤（2）得到的混合物进行高速研磨，高速研磨时间为6~10min；

（4）过滤上一步骤的产物，得到隔热水性涂料。

原料介绍

所述杀菌防腐剂为含氮有机杂环化合物、四氯间苯二甲腈、5-氯-2-甲苯-4-异噻唑啉-3-酮、2-正辛基-4-异噻唑啉-3-酮中的至少2种的组合。

所述成膜助剂为丙二醇、丙二醇甲醚、丙二醇甲醚乙酸酯、醇酯-12中的至少2种的组合。

产品应用 本品是一种隔热水性涂料。

产品特性

（1）本品具有耐高温、耐腐蚀的性能，适应各种场合的涂覆需求；

（2）本品不含有毒有机溶剂，无污染；

（3）漆面不会开裂，漆膜的拉伸率在300%以上，成膜后的漆膜用手搓也不会裂开；

（4）本品的抗老化、附着力强；

（5）由于加入了空心微珠、硅酸钠、磷酸三聚氰胺、二氧化硅等成分，使得水性涂料的隔热性能更好；

（6）由于加入了1,2-二甲基-5-乙酰氧基-1*H*-吲哚-3-羧酸乙酯，强化了涂料的隔热效果；

（7）由于加入了杀菌防腐剂，防止了霉、菌等侵蚀涂料的涂覆面，延长了涂料寿命。

配方11 管道用水性涂料

原料配比

原料	配比（质量份）
改性酚醛树脂	0.23
沥青	0.14
醇酸乳液	0.56
氧化铬绿	0.37
防锈剂	0.58
低聚物多元醇	0.59
马来酸酐	0.16
甲基丙烯酸甲酯	0.23
羟基丙烯酸乙酯	0.15
羟基化纤维树脂	0.14
聚醚砜树脂	0.08

续表

原料	配比（质量份）
聚山梨酯	0.05
六偏磷酸钠	0.22
有机硅乳液	0.27
环氧基硅烷改性硅溶胶	0.13
交联聚乙烯	0.03
过氧化苯甲酸丁酯	0.25
亲水性小分子扩链剂	0.05
硅酸钠	0.15
磷酸三聚氰胺	0.11
季戊四醇	0.37
硅酸铝纤维	0.19
二氧化硅	0.28
杀菌防腐剂	0.21
成膜助剂	0.18
水性聚氨酯树脂	0.05
丙烯酸酯	0.03
钛白粉	0.09
聚乙烯醇	0.15
轻质碳酸钙	0.23
滑石粉	0.22
石膏粉	0.14
二氧化钛	0.18
水性环氧改性树脂	0.13
水	加至100

制备方法

（1）配料：将管道用水性涂料按各成分的质量比进行配料；

（2）在装有分水器的反应釜里加入低聚物多元醇，升温至91～95℃使之融化，缓慢加入马来酸酐，然后升高温度到116～120℃反应，到分水器分水，冷却即得到马来酸酐改性的聚酯；

（3）在氮气环境下，以甲基丙烯酸甲酯和羟基丙烯酸乙酯为溶剂，将上述合成的马来酸酐改性的聚酯、亲水性小分子扩链剂和引发剂加入反应釜中，在搅拌状态下加温82～86℃，反应45～55min，得到亲水性低羟值丙烯酸聚酯；

（4）向步骤（3）得到的丙烯酸聚酯中加入中和剂，使体系pH值达到7，然后在搅拌状态下加入水，使预聚体分散均匀，得到水性低羟值丙烯酸聚酯分散体；

（5）向步骤（4）得到的水性低羟值丙烯酸聚酯分散体中加入剩余原料并搅拌，同时加热至120～130℃，控制搅拌机转速为2100～2200r/min，混合时间为20～25min；

(6) 将消泡剂、成膜助剂和 pH 调节剂依次加入步骤 (5) 得到的混合物中，将混合物 pH 值调节至 7.2～8.1；

(7) 将步骤 (6) 得到的混合物进行高速研磨，高速研磨时间为 10～12min；

(8) 补水，并用黏度调节剂调节黏度至 77～85KU，得到管道用水性涂料。

原料介绍

所述的杀菌防腐剂为 2-正辛基-4-异噻唑啉-3-酮。

所述的成膜助剂为丙二醇、丙二醇甲醚、丙二醇甲醚乙酸酯、醇酯-12 中的至少 2 种的组合。

所述防锈剂为云母氧化铁。

所述亲水性小分子扩链剂为二羟基羧酸、二羧基半酯或二羧基磺酸盐中的一种或多种。

所述引发剂为 BPO。

所述中和剂为氨水。

产品应用 本品主要用作管道用水性涂料。

产品特性

(1) 本品具有耐高温、耐腐蚀的性能，适应各种场合的涂覆需求；

(2) 本品不含有毒有机溶剂，无污染；

(3) 本品漆面不会开裂，成膜后的漆膜用手搓也不会裂开；

(4) 本品抗老化、附着力强；

(5) 由于加入了硅酸钠、磷酸三聚氰胺、二氧化硅等成分，使得水性涂料的隔热性能更好；

(6) 有机硅乳液和环氧基硅烷改性硅溶胶相互作用而改善了涂料的性能，进一步提高其漆膜的附着力、耐热性和强度，使该管道用水性涂料的漆膜的附着力强、冲击强度好、耐热性佳；

(7) 由于加入了杀菌防腐剂，防止了霉、菌等侵蚀涂覆面，延长了涂料寿命。

配方 12 含废弃矿渣的水性涂料

原料配比

原料	配比（质量份）				
	1#	2#	3#	4#	5#
硅丙乳液	35	25	38	20	32
环氧改性丙烯酸酯乳液	10	10	11	15	10
水性聚氨酯	5	18	5	15	6.5
RM-8W 增稠剂	0.6	0.5	0.6	0.6	0.6
BYK-190 分散剂	0.6	0.6	0.6	0.6	0.5
BYK-331 流平剂	0.3	0.3	0.3	0.3	0.3
BYK-020 消泡剂	0.3	0.2	0.3	0.3	0.3
A-26 杀菌剂	0.2	0.1	0.2	0.2	0.2

续表

原料	配比（质量份）				
	1#	2#	3#	4#	5#
DC-51 耐划伤剂	0.4	0.2	0.2	0.3	0.3
HN-8011 紫外吸收剂	1.5	2	2	2	2
醇酯-12	1.5	1.6	1.5	1.4	2
乙二醇	2	2.2	2	1	1
焦磷酸钠	0.2	0.3	0.3	0.3	0.3
废弃矿物颗粒粉末	38.5	33.5	35	40	35
钛白粉	3.45	3.45	3.45	3.45	8.45
柠檬铬黄	—	—	—	—	1
炭黑	0.05	0.05	0.05	0.05	0.05

制备方法

将硅丙乳液、环氧改性丙烯酸酯乳液、水性聚氨酯共混后，依次加入助剂、颜料、废弃矿物颗粒粉末，进行高速（2000r/min，30min）分散后，进行研磨即可。

产品应用 本品主要用作建筑外墙仿石、真漆涂料等外墙涂料，也可以作为防腐光亮面漆，例如户外防腐漆、汽车底盘、汽车面漆修复、内部装饰等表面涂装。

产品特性 本品利用矿物废弃物矿石作为填料和基体，利用水性聚氨酯，改善了涂料性能，利用硅丙乳液与水性聚氨酯复合，进一步使得涂料达到表面光滑，增加其使用寿命，增强了抗水性、光滑度，同时具备良好的相容性。可以应用于地坪、内部装饰等。

配方 13 环保水性涂料

原料配比

原料	配比（质量份）
羟基化纤维树脂	0.13
聚醚砜树脂	0.04
聚山梨酯	0.02
六偏磷酸钠	0.11
有机硅乳液	0.08
环氧基硅烷改性硅溶胶	0.01
交联聚乙烯	0.24
过氧化苯甲酸丁酯	0.47
硅酸钠	0.07
磷酸三聚氰胺	0.23
季戊四醇	0.13
硅酸铝纤维	0.17
二氧化硅	0.38

续表

原料	配比（质量份）
杀菌防腐剂	0.51
成膜助剂	0.03
水性聚氨酯树脂	0.13
丙烯酸酯	0.03
桐油	0.44
钛白粉	0.79
聚乙烯醇	0.19
轻质碳酸钙	0.77
滑石粉	0.25
石膏粉	0.54
二氧化钛	0.18
氟树脂	0.13
水性环氧改性树脂	0.43
纯丙乳液	0.19
水	加至100

制备方法

（1）将各成分原料按预定的质量比混合并搅拌，同时加热至130～140℃，控制搅拌机转速为1600～2000r/min，混合时间为30～35min；

（2）将消泡剂、成膜助剂和pH调节剂依次加入得到的混合物中，将混合物调节pH值为7.2～8.1；

（3）将步骤（2）得到的混合物进行高速研磨，高速研磨时间为15～20min；

（4）过滤上一步骤的产物，得到环保水性涂料。

原料介绍

所述杀菌防腐剂为四氯间苯二甲腈、5-氯-2-甲苯-4-异噻唑啉-3-酮、2-正辛基-4-异噻唑啉-3-酮中的至少2种的组合。

所述成膜助剂为丙二醇、丙二醇甲醚、丙二醇甲醚乙酸酯、醇酯-12中的至少2种的组合。

产品应用 本品是一种环保水性涂料。

产品特性

（1）本品具有耐高温、耐腐蚀的性能，适应各种场合的涂覆需求；

（2）本品不含有毒有机溶剂，无污染；

（3）漆面不会开裂，漆膜的拉伸率在200%以上，成膜后的漆膜用手搓也不会裂开；

（4）本品抗老化、附着力强；

（5）由于加入了硅酸钠、磷酸三聚氰胺、二氧化硅等成分，使得水性涂料的隔热性能更好；

（6）有机硅乳液和环氧基硅烷改性硅溶胶相互作用而改善了涂料的性能，进一步提高其漆膜的附着力、耐热性和强度，使该环保水性涂料的漆膜的附着力强、冲击强度好、耐热性佳；

（7）由于加入了杀菌防腐剂，防止了霉、菌等侵蚀涂覆面，延长了涂料寿命。

配方 14　环保型多效纳米水性涂料

原料配比

原料	配比（质量份）				
	1#	2#	3#	4#	5#
高分子合成树脂乳液	40	45	50	55	60
纳米二氧化硅	3	4	4.5	5	6
纳米二氧化钛	0.5	0.8	1.2	1.6	2
水性涂料增稠剂	1	1.2	1.5	1.8	2
聚醚类表面活性剂	0.5	0.8	1.2	1.6	2
防腐剂	0.4	0.6	0.7	0.8	1
防冻剂	1	1.5	2	2.5	3
固化剂	1	1.2	1.5	1.8	2
分散剂	0.4	0.6	0.8	1	1.2
填料	25	30	35	40	45
水	10	15	20	25	30

制备方法

（1）首先将水、分散剂、防腐剂液体物料投入分散罐中，搅拌均匀；在搅拌状态下将填料、纳米二氧化硅、纳米二氧化钛依次投入，并加速分散30min，得到混合物；

（2）将步骤（1）中的混合物转移至调漆罐，在调漆罐中投入高分子合成树脂乳液，再加入水性涂料增稠剂、聚醚类表面活性剂、防冻剂、固化剂，搅拌15min，至完全均匀，得到粗制涂料；

（3）将步骤（2）中的粗制涂料过滤，去除粗颗粒和杂质，检测出料，得到环保型多效纳米水性涂料。

原料介绍

所述高分子合成树脂乳液为苯丙乳液、纯丙乳液、醋丙乳液中的至少一种。

所述防腐剂为异噻唑啉酮、含氮硫环状化合物、均三嗪中的一种。

所述填料为重质碳酸钙、轻质碳酸钙、滑石粉、硅灰石、高岭土、重晶石、云母粉中的至少一种。

产品应用　本品是一种环保型多效纳米水性涂料。

产品特性　本品中，加入纳米二氧化硅与纳米二氧化钛，利用纳米材料的双疏机理，使得涂膜表面张力较小，涂层呈现一定的斥水性，使涂层的水分有效地排出，并阻止外部水分的侵入，使涂膜具有呼吸的性能；利用纳米材料的特殊功能和其微分子结构，纳米材料与墙体的无机硅质和钙质发生配位反应，使墙体和涂膜形成牢固的爪状渗透，涂膜的连续性提高，使涂膜不脱落、不起皮，有高强的硬度和耐洗刷性；纳米二氧化钛和纳米二氧化硅的粒径小、比表面积大、表面原子数多、表面能高，因此具有很强的表面活性与吸附能力，易与乳液中的阴离子起键合作用，从而提高涂膜与基体之间的结合强度，增加附着力；利用纳米材料的超双界面的物性原理，纳米二氧化硅具有三维网状结构，拥有庞大的比表面积，表现出极大的活性，能在涂料干燥时形成网状结构，同时增加了涂料的强度和光洁度，而且提高了颜料的悬浮性，能保持涂料的颜色长期不褪色，有效地排出粉尘及防止油污的侵入，使墙体有良好的自洁功能；利用纳米材料的光催化技术，纳米二氧化钛具有特殊的光学特性，对空气中的有害气体有高效的分解和消除作用，并能降低、分解紫外线的辐射，使涂层的抗老化能力增强，具有净化空气的性能；利用纳米材料的激活技术，使涂料形成的抗菌涂层可对大肠杆菌、金黄色葡萄球菌等细胞膜起到破坏作用，从而有效地杀死或抑制细菌的繁殖；具有防水、高硬度、耐洗刷、强附着力、高光洁、防油污、抗老化、抗菌的性能，同时具有低 VOC、甲醛含量，是一种安全环保、性能优异的水性涂料，使用范围广泛。

配方 15　基于石墨烯的水性导电型电磁屏蔽建筑涂料

原料配比

原料		配比（质量份）		
		1#	2#	3#
防冻剂	丙二醇	1	—	1
	丙二醇醚	—	3	1
中和剂	2-氨基-2-甲基-1-丙醇	0.1	—	—
	二甲基乙醇胺	—	0.2	—
	氢氧化钾	—	—	0.1
润湿剂	聚氧乙烯烷基醚	0.1	0.3	—
	脂肪酸聚乙二醇酯	—	—	0.2
分散剂	高分子嵌段共聚物	0.1	—	—
	多聚磷酸盐	—	1	—
	聚羧酸盐	—	—	0.5
消泡剂	有机硅消泡剂	0.1	—	—
	脂肪烃的乳化物	—	0.5	—
	非硅酮有机酯碳氢化合物	—	—	0.3
石墨烯		1	5	3
碳酸钙		35	5	42
防腐剂	1,2-苯并异噻唑啉-3-酮（BIT）	0.05	0.1	0.1
	2-甲基-5-氯-4-异噻唑啉-3-酮（CMIT）	0.05	0.1	0.05
	2-甲基-4-异噻唑啉-3-酮（MIT）	0.05	0.1	0.05

续表

原料		配比（质量份）		
		1#	2#	3#
干膜防霉抗藻剂	碘代丙炔基氨基甲酸酯	0.1	—	0.2
	苯并咪唑氨基甲酸甲酯	—	0.3	—
成膜助剂	醇酯-12	1	3	2
增稠剂	羟乙基纤维素	1	—	—
	聚氨酯增稠剂	—	2	—
	改性聚脲增稠剂	—	—	1.5
乳液	丙烯酸酯-苯乙烯共聚物乳液	15	25	20
去离子水		45.4	9.4	28

制备方法

（1）按顺序将水、润湿剂、分散剂、一半的消泡剂、防冻剂、中和剂、石墨烯、碳酸钙加入搅拌缸中，高速分散均匀；转速控制在1500r/min以上。

（2）把以上粉料浆采用研磨机进行研磨，研磨细度小于20μm。

（3）把研磨后的粉料浆加入搅拌缸中，开启低速搅拌，控制在300～500r/min，加入乳液、成膜助剂、防腐剂、干膜防霉抗藻剂、增稠剂、另一半消泡剂，加完后再搅拌20min即可。

（4）对产品进行检测，合格后过滤、包装，过滤器的筛网目数为80～120目。

产品应用　本品主要用于建筑物墙面上，具有长期有效的电磁屏蔽作用，有效时间可长达20年以上。

产品特性　本品是基于石墨烯的水性导电型电磁屏蔽建筑涂料，通过精选不同的分散剂进行组合，解决了纳米级超细石墨烯在水性体系中极易团聚、难稳定的分散难题，所制得的水性导电型电磁屏蔽涂料不仅具有对基材附着力好、耐冷热循环性好，同时具有优异的电磁屏蔽性能，在100kHz～1GHz频段，该涂料电磁波屏蔽效能达到60～95 dB，性能与国外产品相当接近。

配方16　可低温施工的水性橡胶沥青防水涂料

原料配比

原料		配比（质量份）			
		1#	2#	3#	4#
阴离子乳化沥青		65	35	75	50
添加剂		5	2	5	3
橡胶乳液		35	10	5	30
增塑剂	DBP	10	—	15	8
	DOP	—	2	—	—

续表

原料			配比（质量份）			
			1#	2#	3#	4#
乙二醇			10	5	15	8
添加剂	表面活性剂	松香皂和脂肪酸皂	2	—	—	—
		壬基酚聚氧乙烯醚	—	0.5	—	—
		烷基二苯醚二磺酸盐和油酸甲酯磺酸钠盐	—	—	2	0.8
	消泡剂		0.5	0.3	0.5	0.4
	防老化剂		0.5	0.3	0.3	0.4
	稳定剂	烷基硫酸钠	0.5	0.3	0.3	0.4
	防紫外线试剂	受阻胺光稳定剂	0.5	—	0.4	0.3
		亲水的2-(2-羟苯基)苯并三唑紫外线吸收剂与受阻胺光稳定剂的液体混合物	—	0.1	—	—
	分散剂	聚萘磺酸钠盐	1	0.5	1.5	0.7

制备方法

（1）防水涂料中间体的制备：向处于搅拌的阴离子乳化沥青中，加入添加剂，待充分混合后，加入橡胶乳液，搅拌均匀，得到所述防水涂料中间体；

（2）向所述防水涂料中间体中，按顺序依次添加增塑剂和二羟基醇，充分搅拌，得到pH值为9～13的可低温施工的水性橡胶沥青防水涂料，冰点为-15℃，最低成膜温度为-15℃。

原料介绍

所述阴离子乳化沥青可以为硫化橡胶改性的阴离子乳化沥青，由70～97质量份的沥青和3～30质量份的硫化橡胶混合后乳化制成；

所述防水涂料的pH值为9～13；

所述橡胶乳液可以由合成橡胶与羧基化橡胶乳液混合而成，合成橡胶可以包括氯丁橡胶、丁苯橡胶、丁腈橡胶，三元乙丙橡胶、异戊二烯橡胶和顺丁橡胶之中的一种或多种，羧基化橡胶乳液可以包括羧基化的氯丁橡胶、羧基化的丁苯橡胶和羧基化的丁腈橡胶之中的一种或多种（其中，合成橡胶是人工合成的高弹性聚合物，以煤、石油、天然气为主要原料）；

所述增塑剂包括邻苯二甲酸二丁酯和/或邻苯二甲酸二辛酯；

所述二羟基醇为乙二醇；

所述添加剂包括表面活性剂、消泡剂、防老化剂、稳定剂、防紫外线试剂和分散剂；

所述表面活性剂包括：松香皂、脂肪酸皂、烷基二苯醚二磺酸盐、壬基酚聚氧乙烯醚和油酸甲酯磺酸钠盐中至少一种；

所述分散剂为聚萘磺酸钠盐；

所述稳定剂为烷基硫酸钠；

所述防紫外线试剂为受阻胺光稳定剂或亲水的2-(2-羟苯基)苯并三唑紫外线吸收剂与受阻胺光稳定剂的液体混合物。

产品应用 本品主要应用于同时连接热带区域、温带区域和寒带区域的大型工程，例如铁路、道路施工等全天性工程、不分季节工程，可得到良好效果。

所述的可低温施工的水性橡胶沥青防水涂料的施工方法：

(1) 在喷涂过程中，使用喷涂设备在预先处理好的基面上先单独喷涂一层，基面的温度最低可至-15℃；

(2) 在已喷涂所述涂料的基面上，同时喷涂所述涂料和固化剂，快速固化，并形成防水涂膜。

产品特性

(1) 本品在制备中加入二羟基醇和增塑剂，以降低防水涂料的冰点和最低成膜温度，扩大了防水涂料的成膜温度范围。改性所得的防水涂料具有较低的冰点和低温成膜温度，冰点为-15℃，最低成膜温度为-15℃，同时保持原有防水涂料的伸长率、弹性恢复率、稳定性、耐寒性和耐热性等优异性能。因此本产品在-15℃以上的温度下均可较好成膜，能够在严寒冬季施工使用。

(2) 本品可在严寒冬季施工使用，因此使用该防水涂料后，工程的全年施工日大幅度提高，可以有效缩短工程期限，保证工期不延误。

(3) 本品采取机械喷涂，大大地加快了施工的速度，同时又对施工环境要求较小，能够很好地保证施工进度。

配方17 木建筑水性防火隔热涂料

原料配比

原料	配比（质量份）		
	1#	2#	3#
硅丙乳液	25	28	30
聚磷酸铵	10	10	15
三聚氰胺	6	6	8
季戊四醇	3	4	6
金红石型钛白粉	10	12	15
中空玻璃微珠	3	3	6
绢云母	2	3	5
空心陶瓷微珠	2.5	3.5	6
纳米远红外陶瓷粉	2	2.5	4
硅藻土	4	5	7
水性增稠剂羟乙基纤维素	0.5	0.6	1

续表

原料	配比（质量份）		
	1#	2#	3#
水性消泡剂甲基硅油	0.2	0.3	0.4
水性润湿分散剂硅醇类非离子表面活性剂	0.4	0.5	0.8
水性防霉剂苯并咪唑氨基甲酸甲酯	0.1	0.1	0.3
成膜助剂丙二醇苯醚	1	1	2
水	20	25	30

制备方法

（1）将各原料按照所要求的质量份称取；

（2）将水、水性润湿分散剂、水性消泡剂、水性防霉剂以500~700r/min的转速在10~50℃下搅拌10~30min；

（3）添加聚磷酸铵、三聚氰胺、季戊四醇、金红石型钛白粉、绢云母、纳米远红外陶瓷粉、硅藻土，以4000~6000r/min的转速在10~50℃下搅拌20~50min；

（4）降低转速到500~700r/min，添加步骤（1）称取的硅丙乳液、成膜助剂、中空玻璃微珠、空心陶瓷微珠，在20~50℃下搅拌10~30min，再加入步骤（1）称取的水性增稠剂，搅拌10~30min，即得到所述木建筑水性防火隔热涂料。

产品应用 本品主要用作木建筑水性防火隔热涂料。

产品特性

（1）绿色环保，本品所制得的涂料用水作为溶剂，没有添加有机溶剂，采用的原材料均是环保型的，不会对人的身体和环境造成危害。

（2）采用聚磷酸铵、三聚氰胺、季戊四醇构成的阻燃体系具有很好的防火效果；金红石型钛白粉、中空玻璃微珠、绢云母、硅藻土具有阻隔作用，金红石型钛白粉和空心陶瓷微珠具有反射作用，绢云母和纳米远红外陶瓷粉具有辐射作用。因此，本产品所制得的涂料是综合了阻隔、反射和辐射三种隔热功能及防火功能为一体的功能性涂料。

配方18 纳米二氧化硅改性水性聚氨酯防水涂料

原料配比

原料		配比（质量份）					
		1#	2#	3#	4#	5#	6#
偶联剂改性的纳米二氧化硅	纳米二氧化硅	10	10	10	10	10	10
	水	5	5	5	5	5	5
	无水乙醇	95	95	95	95	95	95
	硅烷偶联剂（KH-550）	5.5	5.5	5.5	5.5	5.5	5.5
预分散的纳米二氧化硅溶液	偶联剂改性的纳米二氧化硅	1	1	1	1	1	1
	水	10	10	10	10	10	10

续表

原料		配比（质量份）					
		1#	2#	3#	4#	5#	6#
聚氨酯接枝丙烯酸乳液		60	60	70	70	70	70
聚醚改性有机硅（BX－690）消泡剂		1	1	1.5	1.5	1.5	2
成膜助剂	丙二醇丁醚	3	3	3	—	—	—
	丙二醇甲醚乙酸酯	—	—	—	3	—	3
	醇酯-12	—	—	—	—	3	—
流平剂	聚醚聚酯共聚改性聚硅氧烷	1.5	1.5	2	2	2	2
减水剂	聚羧酸减水剂	1	1	1.5	1.5	1.5	3
预分散的纳米二氧化硅溶液		3	4	4	4	5	5
分散剂	六偏磷酸钠	2	2	2	2	2	2
填料	滑石粉	22	—	—	—	—	25
	粉煤灰	—	—	—	25	25	—
	轻质碳酸钙	—	22	22	—	—	—
增稠剂	羟丙基甲基纤维素	2	2	2	2	2	—
	羟乙基纤维素	—	—	—	—	—	2
水		15	20	18	15	15	27

制备方法

（1）纳米材料的改性及制备：将偶联剂改性的纳米二氧化硅分散于水中，得到预分散的纳米二氧化硅溶液；偶联剂改性的纳米二氧化硅与水质量比为1∶10；

（2）粉料组分的制备：将填料、分散剂和增稠剂混合均匀即可；

（3）液料组分的制备：将聚氨酯接枝丙烯酸乳液、消泡剂、成膜助剂、减水剂、流平剂和水混合并搅拌均匀，最后加入预分散的纳米二氧化硅溶液，搅拌均匀即可；

（4）将液料组分和粉料组分混合均匀，即得到所述纳米二氧化硅改性水性聚氨酯防水涂料。

原料介绍

所述聚氨酯接枝丙烯酸乳液，其商品名称为TJ－06 50%聚氨酯接枝丙烯酸乳液。

所述偶联剂改性的纳米二氧化硅的制备方法：将纳米二氧化硅溶于无水乙醇中，加入水，超声分散，将溶液的pH值调为3～5，再加入硅烷偶联剂，于80～90℃加热4～48h，抽滤、烘干、研磨，即得偶联剂改性的纳米二氧化硅。

所述纳米二氧化硅、无水乙醇与水的用量比为（4～15）∶95∶5；所述超声分散的时间为20～35min；所述硅烷偶联剂的用量为纳米二氧化硅、无水乙醇和水总质量的2%～7%。所述硅烷偶联剂为KH－550、KH－560，KH－570中的至少一种。

所述减水剂为聚羧酸高性能减水剂。

所述分散剂为六偏磷酸钠。

所述流平剂为聚醚聚酯共聚改性聚硅氧烷、交联型丙烯醚改性聚硅氧烷中的一种。

所述成膜助剂为丙二醇丁醚、丙二醇甲醚乙酸酯或醇酯-12 中的至少一种。

所述消泡剂为聚醚改性有机硅、聚硅氧烷或苯乙醇油酸酯中的至少一种。

所述增稠剂为羟丙基甲基纤维素、羟乙基纤维素中的至少一种。

所述填料为滑石粉、轻质碳酸钙、粉煤灰中的至少一种，其中滑石粉细度为 1250 目，轻质碳酸钙细度不低于 800，粉煤灰为一级灰。

产品应用 本品主要用于民用防水领域，也适用于隧道、高铁和地铁等防水工程。

产品特性

（1）本品选用聚氨酯接枝丙烯酸乳液为主要成膜物质，其具备耐磨、光亮、柔软有弹性、机械力学性、耐候性俱佳等特性：本产品中引入纳米二氧化硅材料，先使用硅烷偶联剂对其表面进行改性，有效改善了纳米材料团聚现象，然后制备预分散的纳米二氧化硅溶液，在生产中可以直接加入，解决了纳米材料在生产中难以分散的问题，取得了良好的效果；

（2）本品制备中不使用有机溶剂，环保无毒、VOC 含量低，具有良好的附着力、耐腐蚀性、耐水性和耐候性等特性，不仅适用于桥梁、隧道和高铁等混凝土工程防水领域，还适用于住宅、学校的装饰装修领域，具备一定的工程应用价值。

配方 19　纳米级环保水性改性防腐涂料

原料配比

原料	配比（质量份）
水性丙烯酸树脂乳液	5
分散剂	0.8
润湿剂	0.2
消泡剂	0.2
流平剂	0.2
纳米 SiO_2	0.08
防锈颜料	20
填料	8
缓蚀剂	0.4
防沉剂	0.2
pH 调节剂	0.2
增稠流变剂	0.4
成膜助剂	4
水	加至 100

制备方法

按照配方中的量，在水中加入润湿剂、分散剂，然后加入防锈颜料及填料，在高剪切力作用下砂磨、分散30min，使细度小于50μm，然后加入水性丙烯酸树脂乳液中，充分混合；再加入消泡剂、流平剂、pH调节剂和增稠流变剂等其他助剂，中、低速搅拌，充分混合均匀，即得。

产品应用 本品是一种纳米级防腐涂料。

产品特性 本产品成膜致密、吸水率低、防闪锈强、结合牢固、耐盐气，VOC排放量低，解决了传统溶剂型金属防腐蚀涂料的环保性差和水溶防腐蚀涂料防护性能差的难题。

配方20 耐存放高耐火的水性饰面型防火涂料

原料配比

原料		配比（质量份）			
		1#	2#	3#	4#
固体颗粒	A颗粒：粒度为30μm的可膨胀石墨微粉	50	—	—	—
	A颗粒：粒度为55μm的可膨胀石墨微粉	—	55	—	—
	A颗粒：粒度为40μm的可膨胀石墨微粉	—	—	51	—
	A颗粒：粒度为51μm的可膨胀石墨微粉	—	—	—	54
	B颗粒：粒度为10 μm的绢云母	38	30	37	31
	C颗粒：粒度为10μm的硫酸钡微粉	1	1	1	1
	D颗粒：粒径为200nm的海泡石纳米粉	0.8	—	—	—
	D颗粒：粒径为100nm的海泡石纳米粉	—	1	—	—
	D颗粒：粒径为150nm的海泡石纳米粉	—	—	0.9	—
	D颗粒：粒径为110nm的海泡石纳米粉	—	—	—	0.8
	E颗粒：粒径为150nm的伊利石粉	0.5	—	—	—
	E颗粒：粒径为230nm的伊利石粉	—	0.5	—	—
	E颗粒：粒径为180nm的伊利石粉	—	—	0.5	—
	E颗粒：粒径为200nm的伊利石粉	—	—	—	0.5

续表

原料		配比（质量份）			
		1#	2#	3#	4#
固体颗粒	F 颗粒：粒径为 50μm 的伊利石粉	3	—	—	—
	F 颗粒：粒径为 30μm 的伊利石粉	—	3	—	—
	F 颗粒：粒径为 38μm 的伊利石粉	—	—	3	—
	F 颗粒：粒径为 45μm 的伊利石粉	—	—	—	3
固体混合料		8	8	8	8
聚磷酸铵		15	15	15	15
三聚氰胺		10	9	10	9
季戊四醇		4	5	4	5
纯水		25	25	25	25
氯偏乳液		25	25	25	25
AC261P 纯丙乳液		5	6	5	6
1% 海藻糖水溶液		0.9	0.5	0.8	0.6

制备方法

（1）制备所需的固体颗粒：

A 颗粒：粒度为 30～55μm 的可膨胀石墨微粉；

B 颗粒：粒度为 10μm 的绢云母；

C 颗粒：粒度为 10μm 的硫酸钡微粉；

D 颗粒：粒径为 100～200nm 的海泡石纳米粉；

E 颗粒：粒径为 150～230nm 的伊利石粉；

F 颗粒：粒径为 30～50μm 的伊利石粉；

按照质量份，将 50～55 份颗粒 A、30～38 份颗粒 B、1 份颗粒 C、0.8～1 份颗粒 D、0.5 份颗粒 E、3 份颗粒 F 混合配料，成为固体混合料。

（2）制备防火涂料：按质量份计，将 8 份固体混合料，15 份聚磷酸铵、9～10 份三聚氰胺、4～5 份季戊四醇混合，在研钵中充分研磨，100℃热处理 20～25min，然后加入 25 份纯水、25 份氯偏乳液、5～6 份 AC261P 纯丙乳液中，保持温度 55～58℃，用搅拌器在 150～180r/min 的速度下搅拌 20min，然后冷却到 30℃，再加入 0.5～0.9 份 1% 的海藻糖水溶液，将搅拌器的转速调到 1000r/min，搅拌 100min，制得防火涂料。

产品应用 本品是一种耐存放高耐火的水性饰面型防火涂料。

产品特性

（1）本品制备过程简单，易于工业化生产，并且无毒环保。

（2）本品具有优异的耐存放性能和耐火性能。

（3）本品只要300g/m^{2}以上涂覆量就可以达到理想的效果。

配方21 耐候型弹性水性氟碳涂料

原料配比

原料	配比（质量份）				
	1#	2#	3#	4#	5#
水	15	11.5	17	14	16
润湿分散剂聚醚硅氧烷共聚物	0.5	0.9	0.9	0.55	0.8
消泡剂有机硅类消泡剂BYK-066N	0.3	0.22	0.4	0.25	0.35
丙二醇	2	1	1.5	1.6	1.5
pH调节剂2-氨基-2-甲基-1-丙醇	0.1	0.18	0.16	0.1	0.15
金红石型钛白粉	22.5	24	17	20	23
云母粉1250目	4	4.5	2	3	4
高岭土1250目	7.5	5.5	8.5	8	6
弹性氟碳乳液	42	39	47	44	41
遮盖聚合物乳液	6	8	9	5	7
杀菌剂异噻唑啉酮类混合物	0.2	0.35	0.4	0.1	0.25
成膜助剂2,2,4-三甲基-1,3-戊二醇一异丁酸单酯	1.5	1	1.5	1.5	1.25
增稠剂聚氨酯类增稠剂	0.5	0.35	0.7	0.4	0.6

制备方法

（1）将水、润湿分散剂、消泡剂、丙二醇、pH调节剂混合均匀，加入金红石型钛白粉、云母粉、高岭土，混合后研磨成颜料浆；

（2）将弹性氟碳乳液、遮盖聚合物乳液混合均匀，加入颜料浆中，搅拌均匀，加入杀菌剂、成膜助剂，搅拌均匀；

（3）加入增稠剂，调整黏度到95～105KU，制得成品涂料。

产品应用 本品是一种主要用作混凝土构件表面的耐候型弹性水性氟碳涂料。

产品特性

（1）本品以弹性氟碳乳液为主体，弹性氟碳乳液中氟和碳形成牢固的C—F键骨架，其耐热性、耐化学品性、耐寒性、低温柔韧性、耐候性等均较好。

（2）本品综合机械性能优良。拉伸强度大于10MPa，断裂伸长率大于150%，与混凝土基材的附着力大于2.5MPa，耐人工气候老化，1000h后保光率大于90%。采用本产品可以避免由于混凝土结构的膨胀造成的涂层开裂及失效，可用于混凝土构件表面，增强保护和装饰作用。

配方 22 耐水性粉末涂料

原料配比

原料	配比（质量份）
二甲基咪唑	0.2
硫酸锌	2
高岭土	12
双氰胺	5
瓜尔胶	1
聚氨酯乳液	4
氧化铍	1
煤焦油	2
二硫化钼	2
竹炭粉	5
铝粉	2
抗坏血酸钙	0.7
环氧树脂	90
酚醛树脂	6
氯化稀土	0.1
壳聚糖	15
聚乙烯醇	4

制备方法

（1）将瓜尔胶用 11～13 倍量的水溶解，再加入二硫化钼和氧化铍，超声分散均匀，微热搅拌至形成黏稠状物备用；

（2）将步骤（1）制备的黏稠物包覆在竹炭粉的表面，烘干后浸渍到聚氨酯乳液中，抽真空保持 5min，然后取出烘干，研成微粉备用；

（3）将壳聚糖溶于 85% 的乙酸溶液中，磁力搅拌均匀，制成浓度为 6%～10% 壳聚糖溶液，将聚乙烯醇用水溶解制成浓度为 8%～10% 溶液，加热至 80～85℃，然后将壳聚糖溶液加到聚乙烯醇水溶液中，再加入步骤（2）制备的产物，超声分散均匀，静置脱泡，得到纺丝原液；

（4）将酚醛树脂和氯化稀土混合，加热搅拌反应 10～15min，当反应温度在 80～85℃时恒温保持 10～15min，然后将其加热至沸腾，在沸腾状态下保持 3～4h，自然冷却至室温，再用 75% 的乙醇稀释制成浓度为 10%～12% 的酚醛溶液，再加到步骤（3）制备的产物中，混合搅拌均匀，经静电纺丝工艺，制得复合纤维备用；

（5）将环氧树脂、双氰胺和步骤（4）制备的产物投入高混机中搅拌均匀，将其余原料混合碎粉至 100 目，继续投入高速机中搅拌均匀，最后将混合的物料在 70～80℃预热熔融混合 20～30min 后，冷却至室温，再粉碎成粒径为 20～35μm 的粉体，最后进行计量包装，出料。

产品应用 本品主要用作户外涂装涂料。

产品特性 本品利用氯化稀土易失去电子、反应活性高，与酚醛树脂反应生成极强的化学键，使其耐热、耐磨和耐腐蚀性等性能得到提高；利用壳聚糖本身无毒无害、广谱抗菌等特点和改性酚醛树脂、填料共混制备复合纤维，利用复合纤维与基体环氧树脂发生交联共聚反应，增加了体系的交联密度，提高了涂膜耐介质渗透能力，使其吸水率降低，耐开裂性得到提高，同时也提高了粉末涂料的耐腐蚀、抗菌及韧性等性能，改善了环氧树脂本身易脆易开裂储存时间不长的缺点；添加的竹炭粉、高岭土和铝粉等具有优良的耐候、抗紫外、杀菌、阻燃等性能，延长了漆膜的作用时间，降低成本。本产品耐水性和耐油性好，耐酸碱腐蚀性能优异，用作户外涂装，综合性能好，使用寿命长。

配方 23 耐水性强的建筑保温外墙隔热涂料

原料配比

原料	配比（质量份）
改性黏土	5
稀土转光剂	2
纯丙乳液	40
聚氨酯增稠剂	5
十二烷基磺酸钠	2
硅烷偶联剂	1
聚醚多元醇	4
滑石粉	20
多异氰酸酯	3
羟基硅油	3
阻燃剂	5
消泡剂	2
正丁醇	6
纳米二氧化硅	2

制备方法

（1）将黏土在温度86～95℃的烘烤设备中烘烤30～40min，然后迅速冷却至常温，粉碎、过60目筛网，得黏土粉待用；

（2）将黏土粉以无水乙醇为分散介质，其中粉料与无水乙醇的质量比为1∶30，在超声清洗机上超声分散1h；

（3）把经超声分散的粉料放入尼龙球磨罐中，以玛瑙球为磨球，球料质量比为7∶1，在转速为150r/min的条件下，在行星式球磨机中连续球磨2h；

（4）将球磨完毕的粉料连同玛瑙磨球一起倒入粉料盘中，在80℃下烘干；

（5）把烘干的粉料过筛，取出玛瑙磨球，然后将混合粉研磨，直至无较大团聚为止，至此，改性黏土的制备完毕；

（6）生产时，先检查设备是否能够正常运转，精确计量各种原材料的配比质量，并按生产程序准备好，然后，开动混合机的搅拌电机，保持螺旋处于搅拌状态，在混合机中再投入预先制备的混合物，分散搅拌、研磨、再搅拌均匀即为成品；出料、产品质量检验、计量并包装。

产品应用 本品主要用于建筑外墙面、混凝土屋面、混凝土、水泥砂浆、砖石、外墙保温基层等建筑物外墙面的节能涂装与屋面和墙面的防水、抗裂、防火、阻燃以及管道的隔热保温、彩钢瓦屋面节能涂装及防水。

产品特性

（1）纯丙乳液具有高分子材料的柔性，又具有优异的防水性能及优异的耐候性与附着力，与改性黏土、稀土转光剂等进行配合，可以增强涂料的耐水性、保温性能；

（2）耐水性和保温性好；

（3）制备工艺简单，成品无毒无味、绿色环保；

（4）能够长期保存不变质；

（5）涂施时流平性好、附着力强；

（6）长时间使用后不龟裂、不脱落。

配方 24 疏水性二氧化硅气凝胶改性丙烯酸酯乳液涂料

原料配比

原料		配比（质量份）				
		1#	2#	3#	4#	5#
有机硅改性丙烯酸酯乳液		100	100	100	100	100
水溶性醇酸树脂		10	25	20	18	19
疏水性二氧化硅气凝胶		25	10	17	20	18
颜填料		10	25	20	17	20
丙二醇		10	3	6	8	7
正辛醇		5	12	10	8	9
乙烯基三甲氧基硅烷		8	3	6	7	6.5
纤维素纳米晶		5	10	9	7	8.2
羧甲基纤维素钠		5	1	2.8	3.5	3
成膜助剂	乙二醇单丁醚	—	10	3	—	—
	三乙二醇单丁醚	—	5	3	—	—
	醇酯-12	5	—	2	—	—
	二丙二醇单丁醚	—	—	1	—	—
	丙二醇单丁醚	—	—	—	—	4
	丙二醇苯醚	—	—	3	8	6

续表

原料		配比（质量份）				
		1#	2#	3#	4#	5#
消泡剂		5	2	3	4.5	3.6
六偏磷酸钠		0.5	1.5	1.2	0.8	1
苯并三氮唑		3	1	1.8	2.3	2.1
磷酸三丁酯		1	2	1.8	1.5	1.6
磷酸三苯酯		1.2	0.5	0.8	1.1	1
水		50	70	65	60	63
颜填料	沉淀硫酸钡	20	5	13	16	14
	膨胀珍珠岩	10	20	17	14	16
	硅藻土	10	2	5	8	7
	滑石粉	10	25	21	18	20
	钛酸钾晶须	12	2	6	10	8
	空心玻璃微珠	1	8	7	5	6.5
	金红石型钛白粉	10	2	7	9	8
疏水性二氧化硅气凝胶	正硅酸乙酯	—	—	1	1	1
	无水乙醇	—	—	4	8	6
	水	—	—	18	12	15
	盐酸	—	—	0.005	0.05	0.04
	硝酸	—	—	0.005	—	—
	氨水	—	—	10	3	7
	玻璃纤维	—	—	0.1	0.5	0.3
	二氧化锆	—	—	0.8	0.3	0.5
	3,3,3-三氟丙基甲基二甲氧基硅烷	—	—	0.3	—	—
	六甲基二硅氮烷	—	—	0.7	—	—
改性剂	三甲基氯硅烷	—	—	—	3	1.2
	二甲基二氯硅烷	—	—	—	2	—
	甲基三乙氧基硅烷	—	—	—	1	—
	六甲基二硅氧烷	—	—	—	4	—

制备方法 将各组分原料混合均匀即可。

原料介绍

所述疏水性二氧化硅气凝胶按照以下工艺进行制备：按摩尔份将1份正硅酸乙酯、4~8份无水乙醇、12~18份水和0.01~0.05份催化剂混合均匀，然后加入3~10份氨水搅拌均匀后加入0.1~0.5份玻璃纤维和0.3~0.8份二氧化锆，搅拌5~10h后形成凝胶；将凝胶浸入无水乙醇中老化3~4d，然后加入1~1.5份改性剂进行表面改性3~4d，用正己烷洗涤至中性后放入马弗炉中，在400~550℃下热处理80~120min，降温后得到疏水性二氧化硅气凝胶。

所述催化剂为盐酸、硝酸中的一种或者两种的混合物。

所述改性剂为三甲基氯硅烷、二甲基二氯硅烷、甲基三乙氧基硅烷、3,3,3-三氟丙基甲基二甲氧基硅烷、六甲基二硅氮烷、六甲基二硅氧烷中的一种或者多种的混合物。

所述成膜助剂为醇酯-12、乙二醇单丁醚、三乙二醇单丁醚、二丙二醇单丁醚、丙二醇单丁醚、丙二醇苯醚中的一种或者多种的混合物。

产品应用 本品是一种疏水性二氧化硅气凝胶改性丙烯酸酯乳液涂料。

产品特性 丙烯酸乳液是一种黏结性强、成膜性好的高分子材料，但是其耐热性、耐寒性和耐溶剂性不是很理想，且具有回黏性，涂膜存在耐热性、耐沾污性能差的缺陷，限制了其在外墙涂料和其他苛刻条件下的应用；有机硅具有高度的柔韧性、耐高温性、耐低温性、耐化学品性和耐紫外光性，且有机硅表面能低，涂层不易积尘，具有耐沾污的优点；本产品选择了有机硅改性丙烯酸酯乳液作为主要的成膜物质，其结合了丙烯酸乳液和有机硅的性质，赋予涂膜优异的耐高低温性、耐水性、耐沾污性和耐候性；醇酸树脂具有优异的光泽和韧性，且附着力强，并具有良好的耐磨性、耐候性等。本产品选择了水溶性醇酸树脂作为辅助成膜物质，与有机硅改性丙烯酸酯乳液进行配合，进一步改善了涂膜的耐候性和附着力，提高了涂料的装饰性；疏水性二氧化硅气凝胶的表面有大量的疏水基团，阻止了水渗入凝胶内部而导致其破裂，保持了凝胶结构性能的完整性，将其加入体系中，因其表面羟基数量明显减少，从而抑制了物理吸附水和化学吸附水的存在，从而提高了涂膜的耐水性；同时与颜填料中的沉淀硫酸钡、膨胀珍珠岩、硅藻土、滑石粉、钛酸钾晶须、空心玻璃微珠和金红石型钛白粉具有协同作用，提高了涂膜的隔热性、强度和耐腐蚀性，同时滑石粉能维持疏水性二氧化硅气凝胶的完整性，提高了其机械强度和疏水性；丙二醇、正辛醇加入体系中，具有助溶的作用，与乙烯基三甲氧基硅烷配合后，改善了体系中各原料的相容性，同时提高了涂料的抗冻融性；磷酸三丁酯、磷酸三苯酯配合加入体系中，提高了涂料的韧性，同时赋予涂料一定的阻燃性，另外，其还具有消泡的作用，减少了消泡剂的用量。

配方 25 疏水性建筑涂料

原料配比

原料	配比（质量份）				
	1#	2#	3#	4#	5#
聚氯乙烯树脂	40	48	42	46	44
珍珠岩	22	30	24	28	26
二茂铁	8	16	10	14	12
三碱式硫酸铅	2	10	4	8	6
乙酰柠檬酸三乙酯	5	12	7	10	9
丙三醇	16	24	18	22	20
乙酸铵	20	28	22	26	24

制备方法

（1）将聚氯乙烯树脂、珍珠岩分别粉碎、过 200～300 目筛，制得聚氯乙烯树脂粉末、珍珠岩粉末；

（2）将乙酸铵与水配制成含量为 15%～20% 的乙酸铵溶液；将二茂铁与乙酸铵溶液混合，加热至 65～72℃，搅拌处理 20～30min，然后加入聚氯乙烯树脂粉末，继续在该温度下加热搅拌 40～50min，制得混合物 A；

（3）将三碱式硫酸铅、乙酰柠檬酸三乙酯、丙三醇混合，搅拌 10～15min 后，加入珍珠岩粉末，升温至 55～60℃，在该温度下加热搅拌 30～40min，制得混合物 B；

（4）将混合物 A 与混合物 B 混合，升温至 75～80℃，并在该温度下搅拌 45～60min，烘干后即得疏水性建筑涂料。

产品应用 本品是一种疏水性建筑涂料。

产品特性 本品在各原料的相互作用下，能够有效防止气体二氧化硫和水相硫酸对石灰石的侵蚀，防护涂层对石灰石建筑和石材制品有显著的保护作用，并且还具有抗菌效果，效果显著。此外，本产品还具有表面干燥快，包装、运输方便，性能优良等优点。

配方 26 双组分水性纳米防水涂料

原料配比

<table>
<tr><th colspan="3" rowspan="2">原料</th><th colspan="3">配比（质量份）</th></tr>
<tr><th>1#</th><th>2#</th><th>3#</th></tr>
<tr><td rowspan="6">A 组分</td><td>纳米丁苯乳胶</td><td>广州凯聚 BS-450</td><td>35</td><td>36</td><td>37</td></tr>
<tr><td>纳米防水乳液</td><td>广东银洋 YS-8202</td><td>37</td><td>38</td><td>39</td></tr>
<tr><td colspan="2">水</td><td>26.7</td><td>24.8</td><td>22.9</td></tr>
<tr><td>纳米硅助剂</td><td>瓦克公司 BS1306</td><td>0.5</td><td>0.6</td><td>0.7</td></tr>
<tr><td>消泡剂</td><td>毕克化学 BYK-024</td><td>0.4</td><td>0.3</td><td>0.2</td></tr>
<tr><td>防腐剂</td><td>霍夫曼公司 CP19</td><td>0.4</td><td>0.3</td><td>0.2</td></tr>
</table>

续表

原料			配比（质量份）		
			1#	2#	3#
B组分	水泥	P. O 425	54	55	56
	重质碳酸钙粉	GF-325	30	28	26
	石英粉	200目	16	17	18

制备方法

（1）A组分由如下步骤制得：

①在生产缸中加入纳米丁苯乳胶、纳米防水乳液、水，在500~700r/min的转速下搅拌5~15min，至混合均匀；

②在500~700r/min的转速下，依次加入纳米硅助剂、消泡剂、防腐剂，搅拌5~10min至混合均匀；

③经100目滤网过滤、包装，得A组分。

（2）B组分由如下步骤制得：

①向生产罐中依次加入水泥、重质碳酸钙粉、石英粉；

②开启搅拌，在低速搅拌下，搅拌25~30min，至混合均匀；

③包装得B组分。

原料介绍

所述纳米丁苯乳胶，平均粒径<100nm，固含量≥48%；

所述纳米防水乳液，平均粒径<80nm，固含量56%±1%；

所述纳米硅助剂，活性物含量55%；

所述消泡剂，不挥发分>95%；

所述防腐剂，活性物含量>2.5%；

使用时，按质量比A组分：B组分=1：(1.0~1.2）混合搅拌均匀；

所述纳米丁苯乳胶以丁二烯和苯乙烯单体经微乳化共聚技术而制成；

所述纳米防水乳液由苯乙烯/丙烯酸酯及功能性单体经微乳化共聚技术而制成；

所述纳米硅助剂为一种水性、无溶剂的硅氧烷改性的纳米有机硅乳液；

所述消泡剂为一种在聚乙二醇中的憎水固体与破泡聚硅氧烷的混合物；

所述防腐剂为5-氯-2-甲基-4-异噻唑啉-3-酮、2-甲基-4-异噻唑啉-3-酮组成的混合物；

所述水泥为P. O 425普通硅酸盐水泥，主要组成是硅酸三钙、硅酸二钙、铝酸三钙、铁铝酸四钙；

所述重质碳酸钙粉中碳酸钙含量>96%，目数为325目；

所述石英粉，二氧化硅含量>90%，目数为200目；

所述纳米丁苯乳胶为型号BS-450的产品；

所述纳米防水乳液为型号YS-8202的产品；

所述纳米硅助剂为瓦克公司的型号为BS1306的产品；

所述水泥为市售型号为 P. O 425 的产品；

所述重质碳酸钙粉为型号为 GF -325 的产品。

产品应用 本品是一种主要用于建筑物室内墙面、地面的双组分水性纳米防水涂料。

双组分水性纳米防水涂料的使用方法，在施工前，按质量比 A 组分：B 组分 = 1：(1.0～1.2)混合搅拌均匀，静置 10min 后采用刷涂或辊涂的方式施工，经过 30min 的自然干燥时间，即可表干形成具有高性能的防水涂膜。

产品特性

（1）本品在组分 A 中大量选用纳米材料，各原料在合理的比例范围，利用纳米材料粒径越小，其表面积、表面能迅速增加的特性，促使纳米防水涂料与混凝土基层中的其他外来原子键合稳定，防水涂料对基材的渗透力强，成膜过程中与基材所形成的互穿网络致密、固化完全，极大地改善了防水涂料的强度、断裂韧性、应变速率、附着力、化学品耐性等性能。在 B 组分中，重质碳酸钙粉、石英粉与水泥的复配，重质碳酸钙粉与石英粉的加入，提高了与水泥水化产物间的微界面结构的致密性，增强了防水涂层的拉伸强度和断裂伸长率，提升了防水涂层的应用性能，降低了干燥过程中防水涂层收缩应力，克服了单一使用水泥涂层干燥过程中收缩大、容易造成贴砖空鼓的弊病。同时，可使防水涂料的应用性能得到极大的提升，具有优良的渗透性能、填充成膜性能和防水性能，同时具有高结膜强度、极强的黏结力和低干燥收缩率，能够在很大程度上增强防水涂膜界面黏结性能，在墙立面基层牢固度和瓷砖粘贴施工水平偏低的情况下，能有效提高防水涂膜与基面及后续粘贴瓷砖的水泥砂浆层间的黏结力，减少甚至避免瓷砖粘贴空鼓的风险。

（2）本品施工方法与普通聚合物水泥防水涂料的施工方法一样，产品环保无毒。

配方 27 水性白色太阳热反射防静电涂料

原料配比

原料	配比（质量份）		
	1#	2#	3#
水	16	14	12
季铵盐导电剂 MONENG -6002D	3	2	4
消泡剂 BYK -022	0.5	0.5	0.5
成膜助剂醇酯-12	3	3	3
分散剂 5040	1.0	1	1
流平剂 BYK307	0.3	0.3	0.3
润湿剂 TEGO -500	0.2	0.2	0.2
钛白粉 R -900	26	26	26
水性核壳型结构丙烯酸树脂乳液 BA201	52	52	52
增稠剂 DL -20W	1	1	1

制备方法

（1）加入水，再加入季铵盐导电剂、消泡剂、成膜助剂、分散剂、流平剂、润湿剂，以300r/min分散10min；

（2）加入钛白粉，充分润湿钛白粉后，调节分散转速到1000～1200r/min，分散20min；

（3）将转速调至300r/min，加入水性核壳型结构丙烯酸树脂乳液；

（4）加入增稠剂，调剂黏度；

（5）将涂料搅拌均匀，得到水性白色太阳热反射防静电涂料。

产品应用 本品是一种水性白色太阳热反射防静电涂料。

产品特性 本产品采用水作为溶剂，并没有加入传统的有机溶剂，更加环保；同时本产品中添加了季铵盐导电剂，而不是颜色较深的导电炭黑或导电云母，再加上添加有高反射率的钛白粉，进一步保证了该涂料具有较高的反射率；本产品用季铵盐为导电材料，季铵盐具有的阳离子多官能团抗静电剂，使水性体系均一、稳定，有强烈的形成水化物的趋势，成为带有结晶水的盐类；而且季铵盐具有较强的吸湿性，吸收水分的同时本身离解成为离子，所以导电效果良好。

配方28 水性丙烯酸涂料

原料配比

原料	配比（质量份）
丙烯酸乳液	40～55
氟碳树脂	5～10
空心玻璃微珠	5～10
相变材料	10～15
填料	8～12
丙二醇甲醚	1～3
改性聚硅氧烷	0.1～0.5
聚氨酯类增稠剂	0.1～0.5
杂环化合物	0.3～0.5
水	加至100

制备方法

（1）按质量份配比好各种原料；

（2）将配置好的各种原料一一加入搅拌反应器中，抽真空至0.2MPa，在转速为60r/min的条件下搅拌2h，即可制得水性丙烯酸涂料。

原料介绍

所述空心玻璃微珠粒径为30μm，振实密度为0.3～0.5 g/cm^3。

所述丙烯酸乳液由水性纯丙烯酸和水性有机硅-丙烯酸双组分组成，固含量质量比为1∶1.5。

所述相变材料相变温度在20～60℃范围内，相变潜热值在90～160 J/g之间。

所述填料为滑石粉、高岭土、二氧化硅中的一种或几种的组合。

产品应用 本品是一种水性丙烯酸涂料。

产品特性

(1) 本品使用空心玻璃微珠，微球表面的介孔提高了微球界面的散射点，玻璃微珠的反光性能好，从而大大提高反射和散射辐射热，并且所含的有机硅-丙烯酸、填料都具有隔热效果。

(2) 本品使用的相变材料，当涂料温度高于其相变温度时，能够吸收、消散掉一部分能量，起到进一步降温的目的。

配方 29 水性彩色喷涂涂料

原料配比

原料	配比（质量份）
水性基料	53
水	37
颜料	17
填料	20
助剂	11
花纹剂	6

制备方法

(1) 在搅拌容器中按比例加入水、颜料、填料、助剂，充分混合，搅拌均匀，经砂磨机研磨后备用；

(2) 在步骤 (1) 所获物料搅拌中加入水性基料，pH 值调至 7.5，备用；

(3) 在步骤 (2) 所获物料中加入花纹剂，搅拌均匀，过滤后即可得成品。

原料介绍

所述水性基料可选用苯丙乳液、醋丙乳液、聚乙酸乙烯乳液。

所述颜料、填料可选用钛白粉、立德粉、云母粉、水性色浆、轻质碳酸钙、瓷土。

所述助剂可选用分散剂、消泡剂、成膜助剂、增稠剂、防霉杀菌剂。

产品应用 本品是一种主要用于办公楼、写字楼、商场、学校、医院、体育场馆等建筑外墙装饰的水性彩色喷涂涂料。

产品特性 本品具有防水抗裂、耐水、耐碱、耐候、耐洗刷等特点，并具有无毒无味、不燃不爆、美观耐用、造价低廉、施工简易、使用寿命长等优点。

配方 30 水性常温固化氟硅复合质感涂料

原料配比

原料	配比（质量份）					
	1#	2#	3#	4#	5#	6#
硅丙乳液	25	35	20	32	28	24

续表

原料	配比（质量份）					
	1#	2#	3#	4#	5#	6#
氟碳乳液	35	25	40	30	36	32
质感复合填料	10	12	14	15	13	11
水	45	39	40	30	35	44
有机膨润土	5.2	5.6	5.5	5.4	5	6
丙二醇	1.2	1.6	1.4	1.8	2	1
丙二醇丁醚	1	1.2	1.4	1.1	1.3	1.5
水性聚氨酯	2	2.2	2.4	2.6	2.8	3
烷基酚聚氧乙烯醚	0.2	0.4	0.6	0.3	0.5	0.7
硅油	0.1	0.3	0.5	0.6	0.4	0.2
聚磷酸铵	14	12	10	13	11	10.5
烷基磷酸酯	2.5	4	3.5	2.8	3	2
二异氰酸酯	7	6.8	6.6	6.4	6.2	6

制备方法

（1）将体积比为1：2：50的盐酸、水、无水乙醇混合均匀，得到甲溶液；将体积比为2：3的钛酸丁酯、无水乙醇混合均匀，得到乙溶液；将甲溶液于1h内滴加到乙溶液中，搅拌，形成二氧化钛溶胶；将质量比为3：1的岩片+玻璃鳞片加入无水乙醇中，搅拌至混合均匀，得到丙溶液；将丙溶液加入二氧化钛溶胶中，加热至60℃后搅拌1h，静置10h后得到悬浮液，将悬浮液过筛后用压滤机去除无水乙醇，110℃下干燥至恒重，得到填料。

（2）将质量比为2：1：3的氯化烯丙基聚醚、十四烷基二甲基叔胺、无水乙醇混合，通氮气后加热至65℃，反应20h，旋蒸，去除无水乙醇，用水反复洗涤后移入分液漏斗中，静置分离得到下层液，蒸除水，用乙酸乙酯重结晶，分离提纯后得到聚合型季铵盐表面活性剂；将步骤（1）得到的填料加入水中，搅拌至混合均匀，加入聚合型季铵盐表面活性剂，500r/min转速下搅拌5h，静置5h后抽滤，110℃下真空干燥10h，得到质感复合填料。

（3）按配方称取各组分，将水加入搅拌缸中，开启搅拌，1450r/min转速下将质感复合填料加入搅拌缸中，搅拌1h后调节转速为850r/min，将硅丙乳液、氟碳乳液加入搅拌缸中，搅拌30min后调节转速至600r/min，将防沉剂、防冻剂、成膜助剂、增稠剂、润湿分散剂、消泡剂、阻燃剂、剥离促进剂加入搅拌缸中，搅拌30min后加入固化剂，继续搅拌45min，得到水性常温固化氟硅复合质感涂料。

原料介绍

所述防沉剂为有机膨润土。

所述防冻剂为丙二醇。

所述成膜助剂为丙二醇丁醚。

所述增稠剂为水性聚氨酯。

所述润湿分散剂为烷基酚聚氧乙烯醚。

所述消泡剂为硅油。

所述阻燃剂为聚磷酸铵。

所述剥离促进剂为烷基磷酸酯。

所述固化剂为二异氰酸酯。

产品应用 本品是一种水性常温固化氟硅复合质感涂料。

产品特性

（1）岩片是组成混杂岩的重要组成部分，可使被涂物呈现不是石材胜似石材的效果，是涂料产生质感的主要成分，不过其耐酸性较差，所以本产品通过二氧化钛溶胶对其进行紧密而均匀的溶胶包膜。具有优异耐化学品性的二氧化钛溶胶可起到很好的保护屏障作用，因此可大大提高岩片以及质感涂料的耐酸性。

（2）玻璃鳞片是指采用一定材质的（硅酸盐）玻璃料，经特定工艺加工而成的鳞片状薄玻璃制品，其可以改变涂料的结构，在涂料内部相互平行且重叠排列，不仅把涂层分割成许多小的空间，而且可以大大降低涂层的收缩应力和膨胀系数，还能形成防止介质扩散的屏障，迫使介质迂回渗入，延长介质渗透扩散到基体的时间，从而进一步提高质感涂料的耐酸性，还能有效提高质感涂料的机械强度。

（3）二氧化钛具有持久的光催化抗菌作用，可利用太阳光含有的紫外光作激发源产生抗菌效应，并且具有净化空气、污水处理、自清洁等光催化效应，因此可大大提高质感涂料的抗菌性，并使其能应用于对抗菌性能要求较高的场合。

（4）岩片、玻璃鳞片、二氧化钛均属于表面呈亲水性的无机材料，与涂料中的有机乳液相容性不佳，直接添加于涂料中会产生团聚，分散不够均匀，导致质感效果不佳。因此本产品先将岩片、玻璃鳞片用二氧化钛溶胶包覆制得填料，然后制得可聚合季铵盐表面活性剂，再利用其对填料进行表面改性，可聚合季铵盐表面活性剂通过静电作用吸附于填料表面，其分子中 N^+ 的两端分别是疏水性的烷基链段和亲水性的聚醚链段，且其头基中含有双键，该双键可通过交联聚合反应与涂料的有机乳液产生接枝，从而改变了填料表面的亲水性，使其能够均匀分散于质感涂料中，发挥出较好的质感效果。

配方 31 水性超薄膨胀型防火涂料

原料配比

原料	配比（质量份）				
	1#	2#	3#	4#	5#
聚磷酸铵	20	24	21	23	22
三聚氰胺	12	18	14	16	15
季戊四醇三丙烯酸酯	7	11	8	10	9
纯丙乳液	10	15	11.5	13.5	12.5
不饱和聚酯树脂	3	6	4	5	4.5
麦饭石粉	2	7	3.5	5.5	4.5

续表

原料	配比（质量份）				
	1#	2#	3#	4#	5#
微晶纤维素	1	4	2	3	2.5
水	15	25	18	22	20
增稠剂	0.8	1.6	1	1.4	1.2
分散剂	1	3	1.5	2.5	2
消泡剂	0.1	0.25	0.15	0.2	0.18
色浆	0.14	0.22	0.16	0.2	0.18

制备方法

（1）将麦饭石粉经球磨机研磨，过筛，备用；过100~170目筛（优选的为过120~150目筛，更加优选的为过140目筛）。

（2）将水加入反应釜内，通过蒸汽加热升温至60~86℃，加入不饱和聚酯树脂和纯丙乳液，以40~80r/min搅拌15~25min（优选以50~70r/min搅拌18~20min），然后依次加入微晶纤维素和分散剂，保持温度在50~60℃（优选保持温度在53~57℃），搅拌反应1~2h，经纱网过滤，得胶液，备用。

（3）将步骤（2）所得胶液加入搅拌机内，依次加入聚磷酸铵、三聚氰胺、季戊四醇三丙烯酸酯，以80~110r/min搅拌0.5~1h（优选以90~100r/min搅拌0.7~0.9h），然后加入步骤（1）处理后的麦饭石粉、色浆、增稠剂和消泡剂，搅拌10~30min（优选搅拌15~25min），调pH值至7.5，经过滤、检测、分装即得。

原料介绍

所述分散剂为聚丙烯酸钠、甲基纤维素和聚丙烯酰胺中的一种（优选为聚丙烯酸钠和聚丙烯酰胺中的一种，更加优选为聚丙烯酰胺）。

所述增稠剂为羟乙基纤维素、羟甲基纤维素和瓜尔胶中的一种（优选为羟乙基纤维素和羟甲基纤维素中的一种，更加优选的为羟甲基纤维素）。

所述消泡剂为乳化硅油、聚氧丙烯甘油醚和乙醇中的一种（优选为乳化硅油和乙醇中的一种，更加优选为乳化硅油）。

产品应用 本品是一种水性超薄膨胀型防火涂料。

产品特性

（1）本品集多种防火组分的恰当配合，可持续发挥防火保护作用，能显著降低被涂材料表面的可燃性、阻滞火灾的迅速蔓延，明显提高被涂材料耐火极限；

（2）本品遇火时能形成具有良好隔热性能的致密的海绵状膨胀泡沫层，能更有效地保护可燃性基材，降低火灾事故的发生率；

（3）本品制备工艺简单，易于实现，所得涂料阻燃性能优良，便于在工业上推广应用。

配方 32 水性超耐候性纳米外墙涂料

原料配比

原料	配比（质量份）					
	1#	2#	3#	4#	5#	6#
有机硅单体	15	25	17	19	20	22
丙烯酸系单体	30	50	35	35	40	48
纳米氧化钛	2	5	3	4	3.5	4.5
纳米氧化硅	1	3	1.5	2	2.8	2
羧甲基纤维素钠	5	10	6	7	7	9
木质素磺酸钙	3	8	4	5	6	7
玄武岩纤维	2	3	2.2	2.4	2	2.8
月桂醇聚氧乙烯醚	2	5	3	3.5	5	4.5
硅烷偶联剂	1	1.5	1.1	1.2	1.3	1.3
引发剂	0.5	1	0.6	0.7	1	0.9
催化剂	0.8	1	0.85	0.9	1	0.95
乳化剂	2	6	3	4	4	5
其他助剂	1	4	2	3	3	3.5
水	15	20	17	18	17	18

制备方法

（1）将丙烯酸系单体和水混合搅拌均匀，加入乳化剂、催化剂、引发剂，升温至 40～50℃，滴加有机硅单体，混合均匀后升温至 60～90℃，反应 20～40min；加入纳米氧化钛、纳米氧化硅、玄武岩纤维和硅烷偶联剂，继续反应 1～2h；反应结束后冷却至室温，得到混合溶液；所述有机硅单体的滴加速度为 1.5～2.5mL/min。

（2）将羧甲基纤维素钠、木质素磺酸钙、月桂醇聚氧乙烯醚、水和其他助剂混合搅拌均匀，加入步骤（1）得到的混合溶液，继续搅拌，得到水性超耐候性纳米外墙涂料。

原料介绍

所述有机硅单体为乙烯基三乙氧基硅烷 A-151、甲基三乙氧基硅烷、八甲基环四硅氧烷中的一种或多种混合。

所述丙烯酸系单体为丙烯酸、甲基丙烯酸羟基酯、甲基丙烯酸二甲氨基乙酯、甲基丙烯酸丁酯中的一种或多种混合。

所述玄武岩纤维的直径为 1～2μm，长度为 5～10μm。

所述引发剂为过硫酸钠、过硫酸钾中的一种或两种混合。

所述乳化剂为植物源乳化剂，如小桐籽和/或菜籽榨出的油。

所述其他助剂包括消泡剂、抗老剂、流平剂、分散剂、增稠剂中的一种或多种混合。

产品应用 本品是一种水性超耐候性纳米外墙涂料。

产品特性

（1）本品采用原位聚合的方法制备涂料，在乳液聚合的时候加入纳米氧化钛、纳米氧化硅和玄武岩纤维，其表面有许多活性基团，在乳液聚合的时候可以和乳液表面的活性基团发生交联，或者通过硅烷偶联剂与乳液发生交联，制备得到的涂料稳定性好，耐候性优异；

（2）本品在乳液聚合时控制有机硅的滴加速度，使得制备得到的硅丙乳液胶体粒径小，性能更优异。本产品提供的制备方法，工艺简单，制备过程中无有毒物质释放，对环境无害。

配方 33 水性保温涂料

原料配比

原料	配比（质量份）
丙烯酸酯树脂	30～50
膨胀珍珠岩	10
金红石型钛白粉	10～15
氟碳润湿流平剂 FCP-54	6
苯乙烯空心聚合物球体	15
云母粉	15～18
聚氨酯类增稠剂	5
氧化镁	10
消泡剂	3
聚丙烯酸铵盐分散剂	3
水	15～25
防霉剂	3

制备方法 将各组分混合均匀即可。

产品应用 本品主要应用于化工涂料技术领域，建筑业及其他相关行业。

产品特性 本品的热导率低，具有加热时升温慢、散热时降温也慢的特点，能适度地调节室内温度，使居住环境更加舒适。

配方 34 水性丙烯酸隔热保温涂料

原料配比

原料	配比（质量份）					
	1#	2#	3#	4#	5#	6#
水性弹性丙烯酸乳液	15	16	15	17	18	15
遮盖聚合物	3	4	5	3	3	3
热塑膨胀空心微球	10	12	13	11	10	15
热膨胀性微胶囊	10	12	13	11	12	15

续表

原料	配比（质量份）					
	1#	2#	3#	4#	5#	6#
凹凸棒土	8	9	8	10	8	8
隔热粉	12	8	8	10	8	8
金红石型钛白粉	16	17	15	17	20	15
粒径在 800～1000 目的云母粉	11	10	12	10	10	10
聚羧酸钠盐分散剂	0.5	0.3	0.4	0.3	0.5	0.3
消泡剂	0.2	0.1	0.15	0.1	0.2	0.1
杀菌防腐剂	0.08	0.10	0.09	0.1	0.08	0.09
pH 调节剂	0.05	0.02	0.03	0.04	0.02	0.04
水	14.22	11.48	10.33	10.46	10.20	10.47

制备方法

（1）按质量比，先将 8%～10% 的凹凸棒土、8%～12% 的隔热粉、15%～20% 的金红石型钛白粉、10%～12% 的云母粉、0.3%～0.5% 的聚羧酸钠盐分散剂、0.1%～0.2% 的消泡剂以及水总量的一半加入配漆容器内，在温度为 0～50℃下，以 500～1000r/min 的速度搅拌，使物料分散均匀，再经研磨分散至细度≤45μm 的混合物。

（2）再依次将 15%～18% 的水性弹性丙烯酸乳液、3%～5% 的遮盖聚合物、10%～15% 的热塑膨胀空心微球、10%～15% 的热膨胀性微胶囊、0.08%～0.10% 的杀菌防腐剂及剩余的水缓慢投入配漆容器内，在温度为 0～50℃下，搅拌速度在 30～200r/min，并与混合物分散均匀，最后用 0.02%～0.05% 的 pH 调节剂调整体系的 pH 值在 8.5～9.5 范围，过滤后制得水性丙烯酸隔热保温涂料。

原料介绍

所述的热塑膨胀空心微球是平均粒径在 47μm、抗压强度为 12.5～15.5MPa、真密度为 0.32g/cm^3 的密闭空心球体。

所述的热膨胀性微胶囊为粒径在 10～20μm、膨胀起始温度 75～80℃、最大膨胀温度 120～130℃、最大膨胀率≤40 倍、耐压性≥30MPa 的内含液体的有机微胶囊。

所述的凹凸棒土为呈多孔纤维晶体结构、比表面积为 600～800m^2/g 的含水镁铝硅酸盐。

所述的隔热粉的平均粒径在 30μm、密度为 0.6g/cm^3。

产品应用 本品主要应用于建筑涂料技术领域。

产品特性 本品利用水性弹性丙烯酸乳液的自交联、高弹性的特点，并与空心结构的水性乳液聚合物作遮盖成膜物，在提高涂层抗开裂性的同时保持涂膜具有较好的隔热和耐沾污性，具有遮盖被涂物，降低涂膜密度，减小涂层传热效应，提高弹性涂料的弹性和耐沾污等功能，从而起到很好的防水、保护、装饰作用。

配方 35 水性丙烯酸隔热涂料

原料配比

原料	配比（质量份）
丙烯酸乳液	10～40
复合陶瓷微珠	10～20
填料	5～15
颜料	1～15
助剂	0.1～1
水	15～35

制备方法

（1）在混合容器中加入所需质量份的水以及丙烯酸乳液，再加入颜料、填料以及助剂，在加入的同时不断搅拌。颜料、填料都是粉体形式，通过助剂中的分散剂均匀分散于水和丙烯酸乳液中。

（2）加入复合陶瓷微珠，使其分散均匀。其中助剂中的各种成分可在不同阶段加入，例如分散剂可在颜料、填料以及复合陶瓷微珠加入时分别加入适量，消泡剂和 pH 调节剂可在初期水和乳液中有加入。

（3）增滑剂可在各成分分散后加入，最后稠化形成涂料成品。

原料介绍

所述丙烯酸乳液是由丙烯酸、甲基丙烯酸、甲基丙烯酸甲酯、甲基丙烯酸丁酯或者改性的丙烯酸酯等单体中一种或多种混合形成的微乳液，优选为纳米级的微乳液。改性的丙烯酸乳液还可采用环氧树脂改性的丙烯酸乳液或硅树脂类的丙烯酸乳液。丙烯酸乳液的质量份优选为 15～20 份。

所述复合陶瓷是稀土复合物陶瓷、氧化锆基复合陶瓷、三氧化二铝-碳化钛基复合陶瓷或它们的混合物。

所述填料包括石棉粉、二氧化锆、硅酸盐粉、玉石粉中的一种或多种，优选为它们的组合物。在填料中，各组分的质量份为：石棉粉 10～35、二氧化锆 5～15、硅酸盐粉 1～10，其余为玉石粉；另外，还可包括适量的云母粉等。这些粉体优选为纳米级粉体。在这些成分中，石棉粉具有耐火、保温、隔热、施工方便等性能；二氧化锆具有很强的耐高温、耐化学腐蚀、抗氧化性、耐磨、热膨胀系数大、小的比热容和热导率等特性；纳米级的硅酸盐粉可以显著提高涂料的流平性、流挂性、耐候性和耐磨性能等；同时用在底层可以增加涂料与墙体的附着力，提高机械强度，用在涂料面层中还可以起到表面耐磨和光洁作用，提高面漆的光泽和寿命，减少阻力。玉石粉充分利用其固有的远红外线放射特性，对人体有促进微循环作用。

所述颜料为红外反射性颜料，例如，二氧化钛纳米粉体，氧化铁黄钛白粉，贵金属钌、铑、铱的纳米级氧化物微粉中的一种或几种。红外反射性颜料，对阳光中最易转化成热能的红外光和超短波的不可见光有很好的反射效果，而且还可以将含有热能的长波辐射主动发射出去，达到真正科学的保温、隔热效果。

所述助剂包括分散剂、稳定剂、消泡剂、pH 调节剂、增滑剂中的一种或多种，多种助剂混合使用时，其混合总质量份为 0.1～1 份。分散剂为聚醚改性三硅氧烷化物等聚醚改性的有机硅，稳定剂为受阻胺类光稳定剂，消泡剂为氟改性有机硅，pH 调节剂为二甲氨基乙醇等有机醇胺类化合物，增滑剂为改性聚乙烯蜡。

产品应用 本品主要应用于居民住宅、工业、管道、船舶、压力容器及冰水管上等。

产品特性 本品以水性丙烯酸乳液为载体，含有较高含量的复合陶瓷微珠，可提高涂料的耐摩擦耐擦洗功能，同时水性丙烯酸乳液产生的涂膜持续隔热保温、防水、抗蚀、防晒，可广泛应用于金属屋面、建筑、管道等材料上，可以有效减少电力消耗，提高工作和环境的舒适度。另外，隔热涂料具有良好的隔热保温效果，无毒环保，施工简便（与普通水性涂料施工工艺相同），耐摩擦、耐酸碱、耐水性、耐候性、抗污性好，黏结度强，具有超强耐擦洗功能，而且具有较长的使用寿命。

配方 36 水性丙烯酸类防水隔热涂料

原料配比

原料	配比（质量份）			
	1#	2#	3#	4#
水	260	300	200	200
弹性丙烯酸酯乳液	150	150	200	180
VAE 乳液	100	90	150	120
有机硅防水剂	50	120	70	100
分散剂 DP-270	4	2	2	—
分散剂 DA40	—	—	—	2
润湿剂 X-100	—	2	3	3
润湿剂 X-405	3	—	—	—
消泡剂 DF-7005	—	2	—	—
消泡剂 8034	—	—	2	2
消泡剂 TS-4400	5	—	—	—
羟乙基纤维素 QP-15000H	1.5	1.5	1.5	1.5
成膜助剂 Texanol	10	9	7	7
多功能助剂 AMP-95	1.5	2.5	1.5	1.5
增稠剂 212	4	6	5	5
增稠剂 420	2	6	2	2
玻璃微珠	—	—	50	—
空心陶瓷珠	50	30	—	50
重晶石粉	—	50	—	—
闭孔膨胀珍珠岩	—	—	50	60
煅烧高岭土	—	—	50	60

续表

原料	配比（质量份）			
	1#	2#	3#	4#
硅灰石	100	—	—	—
钛白粉	150	100	100	100
氧化锌	—	50	—	—
超细云母粉	100	70	100	100
防冻剂乙二醇	—	7.5	—	—
防冻剂丙二醇	7.5	—	4.5	4.5
防霉剂 HF	1.5	1.5	1.5	1.5

制备方法

(1) 首先，将颜填料、助剂中的分散剂、防腐剂、消泡剂、润湿剂、防冻剂和水混合，用高速分散机分散到规定细度，制成料浆备用。

(2) 再在调漆桶中，依次加入共混乳液（基料）、助剂中的增稠剂、增塑剂、防霉剂、颜料浆、消泡剂、成膜助剂，低速搅拌混合均匀即可。

产品应用 本品是一种水性丙烯酸类防水隔热涂料，属于建筑材料领域，可应用于建筑物屋面、金属板材、瓷砖、装饰瓦等材料表面。

产品特性 本品由于采用弹性丙烯酸共聚乳液、乙烯-乙酸乙烯共聚乳液（VAE）为基料，与有机硅防水材料冷混，并使用低热导率、高光折射率、反射率和耐腐蚀性高的功能材料为填料，制备防水隔热涂料，因此具有良好的弹性、黏结强度大、拒水自洁、防水抗渗效果好、耐热抗冻、耐紫外线照射、抗老化、延伸性能好、保温隔热、无污染等特点，克服了现有水性隔热涂料品种功能单一、隔热性能低、环保等问题。本品为高耐候性、防水和保温隔热等多功能一体的水性环保涂料，其隔热性能、防水性能、装饰性能、施工性能及环保性能都达到相关国家或行业标准要求。

配方 37　水性玻璃隔热涂料

原料配比

原料		配比（质量份）
纳米铟锡氧化物浆料	铟锡氧化物（RTO）	200
	水	400
	乙醇	100
	异丙醇	100
	正丁醇	100
	丙二醇甲醚乙酸酯	100
	分散剂	1

续表

原料		配比（质量份）		
		1#	2#	3#
水性玻璃隔热涂料	合成水性树脂	7500	3000	1400
	成膜助剂	200	200	100
	二氧化硅	100	100	50
	偶联剂	200	200	50
	消泡剂	100	100	50
	流平剂	100	100	50
	润湿剂	100	100	50
	水	0～450	0～250	0～125
	纳米铟锡氧化物浆料	1001	1001	1001

制备方法

（1）制备纳米铟锡氧化物浆料：称取各组分，将作为溶剂的水、乙醇、异丙醇、正丁醇和丙二醇甲醚乙酸酯加入分散机中，然后，再加入分散剂，最后加入铟锡氧化物粉体，分散2h之后，即可得到所需质量份的纳米铟锡氧化物浆料；

（2）称取各组分，将步骤（1）制得的纳米铟锡氧化物浆料滴加到合成水性树脂中，再加入成膜助剂、二氧化硅、偶联剂、润湿剂、消泡剂和流平剂，搅拌10～30min，即可得到成品。在生产过程中通过加入水来调整涂料的黏度。

原料介绍

所述合成水性树脂选自丙烯酸、聚氨酯、改性聚氨酯共聚体、硅烷基和环氧树脂，也可以是树脂清漆。

所述分散剂为十六烷基苯磺酸钠。

产品应用 本品主要用作玻璃隔热涂料。

产品特性 本品的生产工艺，包括后期的涂膜制作工艺都非常简单，不需要昂贵的设备投资，生产和制作成本都较低；本品所采用材料的成本都比较低，所以制得的涂料的成本也比较低，使用该涂料生产的涂膜玻璃的成本也较低。而且，这种涂膜玻璃的表面光滑平整，可视性好，用线棒涂布器将隔热涂料涂于干净的玻璃表面，涂料能够自动流平，表面平整光滑，透过玻璃看物体也比较清楚。除此之外，本品可以直接用于涂膜，也可以根据实际施工要求用水稀释，非常环保，避免了过去的涂料需要用有机溶剂稀释的缺点；而且涂膜之后，自然硬化，不用烘烤，使用十分方便。

配方 38 水性单组分玻璃透明隔热涂料

原料配比

原料	配比（质量份）		
	1#	2#	3#
聚氨酯基体	85	85	85
纳米金属氧化物	3	4	5
润湿分散剂	0.5	0.5	0.5
消泡剂	0.3	0.3	0.3
增稠剂	1	1	1
偶联剂	0.2	0.2	0.2
水	15	14	13

制备方法

将聚氨酯基体、纳米金属氧化物、助剂、水按照比例混合均匀，即得到水性单组分玻璃透明隔热涂料产品。其聚氨酯基体制备工艺如下：

（1）将二元醇醚和四甲基苯二亚甲基二异氰酸酯脱水加入四口烧瓶中，通氮气保护，加入催化剂；

（2）50～65℃下滴加扩链剂，然后在70～85℃下反应2～4h；

（3）降温至40℃，滴加三乙胺；

（4）高速搅拌下滴加水，再次加入扩链剂；

（5）60℃下保温0.5h；升温至70～85℃滴加单体和引发剂；

（6）加入碳酸氢钠调节pH为中性，制得聚氨酯基体。

原料介绍

聚氨酯基体中，所述的二元醇醚和四甲基苯二亚甲基二异氰酸酯的比例为1∶1.5。所述催化剂为金属盐或胺类催化剂二月桂酸二丁基锡、辛酸亚锡、辛酸铅、N,N'-二甲基环己胺、三乙胺、N,N'-二甲基甲酰胺或三亚乙基二胺中的一种；所述扩链剂为亲水类扩链剂，如一缩二乙二醇、二羟甲基丙酸、无水乙二胺中一种或几种；所述引发剂为氧化还原引发体系过硫酸盐-亚硫酸氢盐；所述单体为亲水性单体，如丙烯酸丁酯（BA）、丙烯酸β-羟丙酯（HPA）、二羟甲基乙酸、二羟甲基丁酸、二羟甲基丙酸、2-磺酸钠-1,4-丁二醇和间苯二甲酸-5-磺酸钠中的一种或几种。

所述润湿分散剂包括高分子量聚丙烯酸酯，例如DISPERBYK-161或EFKA-4800等；高分子聚氨酯，例如EFKA-4010等；高分子羧酸，例如DEUCHEM-904等；低分子量不饱和、饱和羧酸胺盐，例如HX-4010等；使用时可选择其中一种或几种的混合物。

所述消泡剂包括不含有机硅氧烷型消泡剂，例如BYK-055、EFKA-2721、DEUCHEM-2700或HX-2100等；含有机硅氧烷型消泡剂，例如EFKA-2022、

DEUCHEM-5600 或 HX-2000 等。可选择其中一种或几种的混合物。

所述增稠剂为聚氨酯缔合型和碱溶胀类中的一种或几种的混合物。

所述偶联剂包括硅烷偶联剂 3-氨丙基三乙氧基硅烷 KH550、3-缩水甘油醚氧基丙基三甲氧基硅烷 KH560、3-甲基丙烯酰氧基三甲氧基硅烷 KH570、乙烯基三乙氧基硅烷 KH151、钛酸酯偶联剂异丙基二油酸酰氧基（二辛基磷酸酰氧基）钛酸酯 KH101 和异丙基三（二辛基焦磷酸酰氧基）钛酸酯 KH201 中的一种或几种。

产品应用 本品可广泛用于汽车、火车及各种建筑物的玻璃，与现有的隔热涂层相比，本品的水性单组分玻璃透明隔热涂层表面硬度高，铅笔硬度可达 2H；可见光透过率 66% 以上、紫外阻隔率 97% 以上、近红外阻隔率达 78% 以上，具有理想的隔热性能；附着力高达 0 级，耐水性能优越。由于是单组分涂料，因此生产施工简便，涂料不含苯、酮、酯类等成分，不含游离 TDI 等有害物质，可广泛用作各种玻璃涂层。

产品特性 本品制备方法简单，材料易得、成本便宜；施工简便，便于普及；涂料可见光透过率、紫外阻隔率、近红外阻隔率高；涂层表面硬度高，使用寿命长；附着力强，耐水性能优越；隔热效果理想。

配方 39 水性弹性保温隔热涂料

原料配比

原料	配比（质量份）		
	1#	2#	3#
水	240	250	246
消泡剂 A	2.5	1.5	2
丙二醇	25	35	30
抗沾污剂	20	40	30
消泡剂 B	6.5	4.5	5
弹性乳液	380	350	370
隔热材料	40	20	35
增稠剂 B	5	8	6
分散剂	4.5	6	5
pH 调节剂	适量	适量	适量
钛白粉	200	200	180
防霉剂	4.5	3.5	4
硅丙乳液	90	70	80
成膜助剂	6	3	4
增稠剂 A	2.5	1.5	2
防腐剂	1	1.5	1.2

制备方法

（1）在生产缸中加入配方中的水，500～800r/min 的搅拌速度下依次加入分散剂、消泡剂 A、适量 pH 调节剂、丙二醇、钛白粉，加完后将转速调至 1500 ~ 2500r/min，分散细度至 25μm 以下。

（2）在 500 ~ 800r/min 的搅拌速度下将抗沾污剂、防霉剂、消泡剂 B、硅丙乳液、弹性乳液以及成膜助剂依次加入，搅拌 10min，再将分散机转速调至 300 ~ 400r/min，并将 2/3 的隔热材料加入，搅拌 20 ~ 30min。

（3）在 300 ~ 400r/min 的转速下将剩余的 1/3 隔热材料加入，搅拌 20 ~ 30min 后，加入增稠剂 B，继续搅拌 15 ~ 25min，再用 pH 调节剂将 pH 值调至 7.5 ~ 9 之间，加入防腐剂，搅拌 10 ~ 20min 后可包装，即制得水性弹性保温隔热涂料。

原料介绍

硅丙乳液是具有核壳结构的硅丙乳液，固体含量为 47% ±1%；弹性乳液是具有高弹的丙烯酸乳液，固体含量为 48.5% ~ 51.5%；消泡剂 A 主要由矿物油、金属皂、表面活性剂和少量有机硅组成；消泡剂 B 主要由改性有机硅与表面活性物质组成；增稠剂 A 是非离子聚氨酯缔合型增稠剂；增稠剂 B 是疏水改性碱溶胀缔合型增稠剂；pH 调节剂为 2-氨基-2-甲基-1-丙醇。

抗沾污剂为水稀释型硅树脂乳液，活性物质含量 41% ~ 43%；成膜助剂为 2,2,4-三甲基-1,3-戊二醇单异丁酸酯；钛白粉为金红石型进口钛白粉；分散剂为聚丙烯酸盐；隔热材料为闭式空心玻璃微珠，平均粒径为 55μm，最大粒径小于 95μm；防霉剂为亚胺苯唑氨基甲酸酯、2-正辛基-4-异噻唑啉-3-酮和尿素衍生物的混合物；防腐剂是一种由 5-氯-2-甲基-4-异噻唑啉-3-酮/2-甲基-4-异噻唑啉-3-酮和甲醛浓缩物组成的混合物。

产品应用 本品是一种水性弹性保温隔热涂料。

产品特性

（1）涂膜对太阳光具有极高的反射率、低导热性和低储热性，涂层薄、隔热效果突出。

（2）涂膜良好的弹性和拉伸力，能覆盖细小裂纹和防止墙面细小裂纹的产生。

（3）由于使用了硅丙乳液和抗沾污助剂，涂料成膜后具有良好的抗沾污性和自洁功能，良好的耐水性、耐光性和耐候性。本品具有良好的防霉防藻性、出色的耐湿擦性，乳液粒子小，对基层具有良好的渗透性和附着力等特性。

（4）超低的 VOC 含量，使涂料在使用前后均无毒、环保、无污染，施工简单方便，无需专用工具，施工后的维护费用基本为零。

配方 40 水性多彩保温涂料

原料配比

原料	配比（质量份）			
	1#	2#	3#	4#
苯丙乳液	30	26	43	31
水	26	24	31	35

续表

原料	配比（质量份）			
	1#	2#	3#	4#
空心陶瓷微珠（白色）	7	—	—	—
空心陶瓷微珠（黄色）	—	14	—	—
空心陶瓷微珠（红色）	—	—	5.5	—
空心陶瓷微珠（蓝色）	—	—	—	7.5
轻质碳酸钙	20	10	7	14
钛白粉	15	23	11	10
分散剂	0.9	1.2	1.0	0.9
增稠剂	0.6	1.0	0.8	0.8
消泡剂	0.5	0.8	0.7	0.8

制备方法

（1）按比例将适量丙烯酸乳液、水、钛白粉、轻质碳酸钙混合，经高速搅拌机搅拌分散，经磨砂机磨研混合均匀；

（2）取适量的多彩空心陶瓷微珠，用分散剂润湿后，分 3 次加入上述刚合成的乳液中，每次加入后，用低速搅拌机搅拌 10min 使其分散，再加入消泡剂、增稠剂混合均匀，即制得兼具隔热保温和装饰性的水性涂料。

原料介绍

所述的丙烯酸乳液为纯丙乳液、苯丙乳液、硅丙乳液或含氟丙烯酸乳液，乳液的固含量为 30% ~50% 。

所述的分散剂、增稠剂和消泡剂为涂料助剂，添加量为涂料总质量份的 1.5% ~3% 。其中分散剂可用德国汉高公司的 SN5040、SN5027 中的一种；增稠剂可用美国罗门哈斯公司的 TT –935、TT –615 中的一种；消泡剂可用德国毕克公司的 BYK –052 或 BYK –057 中的一种。

所述的多彩空心陶瓷微珠是由钛–硼硅酸盐经高科技加工而成，是一种颜、填一体化非金属材料，主要成分是 TiO_2，SiO_2 和 Al_2O_3，平均粒径为 20 ~30μm，壁厚 1 ~2μm，外观为白色或各种彩色，球形率大于 95%，中空、有坚硬的外壳。该类产品可用重庆阿罗科技发展有限公司或成都赛采科技发展有限公司的产品。

产品应用 本品主要应用于保温、装饰领域。该涂料兼具隔热保温和多色彩装饰特性，可方便制备各种所需颜色，适用于建筑、管道、罐体等表面。

产品特性 本品的涂料色彩来源于含有彩色空心陶瓷微珠，不含苯、甲醛等挥发性有机溶剂，兼具隔热保温节能和装饰性，有利于环保，并且具有突出的保温性能和保色性能。

配方 41 水性反辐射隔热涂料

原料配比

原料	配比（质量份）				
	1#	2#	3#	4#	5#
苯丙乳液 296DS	400	300	350	380	380
苯丙乳液 AD36	80	100	100	100	100
水	60	80	55	70	60
HEC（2%）	54	80	50	40	50
分散剂（DP-518）	4	4	4	4	4
消泡剂（德谦 082）	2	2	4	4	4
防雾剂（MB-11）	1	2	1	2	2
成膜助剂（醇酯-12）	8	10	8	8	10
增韧剂（邻苯二甲酸二丁酯）	20	20	20	15	20
丙二醇	20	30	20	20	30
二氧化钛	75	100	100	75	75
碳酸钙	50	25	50	50	25
滑石粉	50	50	50	50	50
硅灰石粉	50	50	50	50	50
氧化锌	15	15	20	15	20
堇青石粉	45	60	50	45	40
空心二氧化硅-三氧化二铝结构微球	50	50	50	55	60
氨水（28%）	4	5	4	4	4
增稠剂（WT-102）	10	15	12	11	14
消泡剂（德谦 082）	2	2	2	2	2

原料	配比（质量份）				
	6#	7#	8#	9#	10#
纯丙烯酸乳液（Nacrylic 2550）	250	280	300	300	280
苯丙弹性乳液 AD36	100	80	80	80	80
水	65	70	71	50	70
HEC（1%）	50	80	80	80	80
分散剂（DP-518）	5	5	5	5	5
消泡剂（德谦 082）	4	4	4	4	4
防雾剂（MB-11）	2	2	2	2	2
成膜助剂（醇酯-12）	10	10	10	10	10
增韧剂（邻苯二甲酸二丁酯）	8	10	10	10	10
丙二醇	20	20	20	20	20
二氧化钛	125	100	125	100	125
碳酸钙	75	50	50	50	50
滑石粉	75	75	50	75	50
硅灰石粉	100	100	75	100	75
氧化锌	10	15	10	15	15
堇青石粉	35	35	40	35	35
空心二氧化硅-三氧化二铝结构微球	50	50	50	50	70

续表

原料	配比（质量份）				
	6#	7#	8#	9#	10#
氨水（28%）	4	4	4	4	4
增稠剂（WT-102）	10	8	12	8	13
消泡剂（德谦 082）	2	2	2	2	2

制备方法

先将配方中第 1 至第 4 种组分及分散剂、消泡剂等预混合，再将颜料、填料及反辐射粉、部分隔热粉料加入，在高速分散机中分散成糊状；将糊状物经研磨机研磨至一定细度，再经高速分散机，添加各种乳液、部分隔热粉、消泡剂、流平剂、增稠剂，搅拌均匀，即成为本水性反辐射隔热涂料。

产品应用 本品用于建筑物的外墙。

产品特性 将本涂料涂覆于水泥、石棉板表面，干膜厚度只需 150μm 左右。涂有本涂料的水泥板下面的温度较之于未涂的低 10～15℃，证明本涂料具有优良的隔热性能。本涂料在金属、橡胶类防水卷材表面涂覆，也具有良好的隔热效果。

配方 42 水性反射型隔热涂料

原料配比

原料	配比（质量份）				
	1#	2#	3#	4#	5#
分散剂 Hydropalat 100	0.5	0.4	0.6	0.6	0.6
润湿剂 Hydropalat 3204	0.15	0.03	0.1	0.1	0.1
增稠剂 DSX 3075	0.6	0.5	0.5	0.5	0.5
消泡剂 FoamStar A34	0.8	0.6	0.5	0.5	0.5
相容稳定剂 Hydropalat 306	0.15	0.2	0.1	0.1	0.1
黏结料 AC2800 乳液	30	20	25	25	25
水性色浆 R215 钛白	15	10	20	18	15
水性色浆 CM11（黄色色浆）	—	—	—	—	3
GA-4 云母粉	10	8	6	14	11
轻质碳酸钙（800 目）	2	4	6	—	—
滑石粉（1250 目）	4	6	8	—	—
成膜助剂 Filmer C40	0.8	1	0.5	—	0.5
空心玻璃微珠（250 目）	12	—	—	—	—
空心玻璃微珠（1000 目）	—	20	—	—	—
空心玻璃微珠（2000 目）	—	—	8	—	—
空心玻璃微珠（325 目）	—	—	—	15	—
空心玻璃微珠（2500 目）	—	—	—	—	15
丙二醇	3	2	4	4	4
水	21	27	20.7	21.7	24.7

制备方法

（1）在1500r/min的中速搅拌的情况下，在水中依次加入除空心玻璃微珠之外的各种颜填料、Hydropalat 3204 润湿剂、Hydropalat 100 分散剂、FoamStar A34 消泡剂，将其预分散均匀；

（2）在3000r/min条件下砂磨，将各种颜料研磨到刮板细度为40μm以下，过滤后得到所需的颜填料浆；

（3）在500r/min的低速搅拌分散的情况下，向颜填料浆中加入乳液、空心玻璃微珠、成膜助剂、Hydropalat 306 相容稳定剂、丙二醇及 FoamStar A34 消泡剂，待消泡完全之后，加入 DSX 3075 增稠剂，调整到适当黏度；

（4）根据不同施工要求，添加适当的水，调节黏度，便于施工。

产品应用 本品可涂在金属、混凝土、玻璃、墙面砖、木材、泡沫塑料等表面，也可以广泛应用于石油、液化天然气等有机液体金属储罐，石油管道、石油运输罐、粮库、冷库、车船、工业建筑、民用建筑等。

产品特性 本品通过引入空心微珠，可以使得涂膜的热反射率大大提高，提高其辐射绝热作用，并具有热传导阻隔作用，降低涂膜材料的热导率，从而起到隔热的降温作用。可涂在多种物体表面，以降低其表面温度和内部环境温度，从而改善工作环境，提高安全性，达到节能降耗的目的。

配方 43 水性防锈隔热涂料

原料配比

原料	配比（质量份）		
	1#	2#	3#
羧乙基纤维素	0.2	0.18	0.23
防腐剂	0.1	0.13	0.13
防霉剂	0.4	0.35	0.48
铵盐分散剂	0.43	0.46	0.47
低泡润湿剂	0.05	0.05	0.04
消泡剂	0.26	0.28	0.3
乙二醇	2	3	1.8
重钙	5	6	3
滑石粉	3	3	3
钛白粉	18	20	18
有机胺	适量	适量	适量
煅烧高岭土	4	3	3
T_g 为35℃以上的硅丙乳液	35	38	40
醇酯-12	1.8	2	2
空心硅酸钠颗粒	5	6	7
增稠剂	适量	适量	适量
硅灰石粉	6	7	5
pH 调整值	10~11	10~11	10~11
软水	加至100	加至100	加至100

制备方法

除平均粒径约10～30μm的空心硅酸钠颗粒最后添加，低速分散，调pH值到10～11外，其他物料均按乳胶漆常规工艺依次投入生产。

产品应用 本品主要用于铁皮屋顶，外墙等的隔热。

产品特性 本品用于铁皮屋顶，外墙等，防锈隔热效果好、耐久性好、易储藏、易涂布，成本较低，水性环保。

由于本品中加入的T_g为35℃以上的硅丙乳液，成膜后抗老化性好，硬度高；金红石型钛白粉热反射强，耐候性好；平均粒径约10～30μm的空心硅酸钠颗粒中空阻热，与金红石型钛白粉双重隔热，还具有收缩弹性，防热胀冷缩引起的涂层破坏，增白遮蔽、防腐、防紫外线，有利涂层耐久；硅灰石粉等提供较高的pH值，有利防锈。

配方44 水性防火涂料

原料配比

原料	配比（质量份）		
	1#	2#	3#
硅丙乳液	24	30	26
聚磷酸铵	17	22	19
季戊四醇	2	7	4
三聚氰胺	10	16	12
二氧化钛	3.6	7.6	5.6
氧化锌	0.2	0.7	0.4
六偏磷酸钠溶液	3	8	5
甲基硅油	0.1	0.4	0.3
丙二醇苯醚	0.5	1.1	0.8
羧甲基纤维素钠	1	3	2
水	20	26	22
氨水	2	4	3
多功能助剂	1	3	2

制备方法

将六偏磷酸钠配制成10%的水溶液，羧甲基纤维素钠配制成2%的水溶液；将水加入烧杯中，开动搅拌器；将聚磷酸铵、季戊四醇、三聚氰胺、二氧化钛、六偏磷酸钠溶液、丙二醇苯醚、氧化锌依次加入；加入适量的甲基硅油，高速搅拌，搅拌时间18～24min；用三辊研磨机将其研磨；加入硅丙乳液及多功能助剂，搅拌时间为4～7min；用氨水调节涂料pH值至7.8～8.5，用羧甲基纤维素钠调节黏度，出料。

产品应用 本品是一种水性防火涂料。

产品特性 本品以水作分散介质，成本低、无毒、不污染环境、常温干燥，不仅具有防火性能，也有很好的装饰性能。涂层在常温下是普通涂膜，在火焰或高温作用下，可产生比原来涂层厚几十倍甚至上百倍的不易燃海绵状炭质层，起到有效阻止外部热源的作用；同时产生不燃性气体，如 CO_2、NH_3、HCl、HBr 和水蒸气等，降低可燃性气体的浓度和空气中氧的浓度，从而起到防火阻燃作用。本涂料施工方便，涂层附着力强，降低了环境污染并节省了资源。

配方 45　水性防火阻燃涂料

原料配比

原料	配比（质量份）				
	1#	2#	3#	4#	5#
聚磷酸铵	16	23	18	22	20
三聚氰胺	8	14	10	13	12
季戊四醇三丙烯酸酯	7	10	8	9	8.4
高氯化聚乙烯树脂	10	16	13	15	14
聚氨酯树脂	6	9	7	8	7.6
甲基硅树脂	4	8	5	7	6
碳酸钠	2	5	3	4	3.5
水	17	21	18	20	19
增稠剂	1.5	2.1	1.7	1.9	1.8
分散剂	1.5	4.5	2.3	4.2	3.4
消泡剂	0.22	0.3	0.25	0. 28	0.27
色浆	适量	适量	适量	适量	适量

制备方法

（1）将季戊四醇三丙烯酸酯、高氯化聚乙烯树脂、聚氨酯树脂和甲基硅树脂混合，加入水，搅拌 30～70min，加入成膜助剂，成膜助剂的量为上述四种组分总质量的 0.3%～0.8%，再超声分散 25～35min；

（2）将聚磷酸铵、三聚氰胺、碳酸钠与步骤（1）所得物料混合，加入增稠剂、分散剂和消泡剂，以 250～360r/min 的速度搅拌 40～80min，研磨；

（3）向步骤（2）所得物料中加入色浆，色浆的量为步骤（2）所得总质量的 0.4%～0.8%，搅匀，即得。

原料介绍　所述的成膜助剂的量优选为季戊四醇三丙烯酸酯、高氯化聚乙烯树脂、聚氨酯树脂和甲基硅树脂总质量的 0.4%～0.7%。

所述的聚磷酸铵又称多聚磷酸铵或缩聚磷酸铵（简称 APP）。

所述的色浆是由颜料或颜料和填充料分散在漆料内而成的半制品。以纯油为胶黏剂的称油性色浆；以树脂漆料为胶黏剂的称树脂色浆；以水为介质添加表面活性剂分散而成的颜填料浆称为水性色浆。由于漆料种类很多，色浆种类也很多。为了使颜料等更好地分散在漆料中，往往在制造过程中，加少量的表面活性剂，加环烷酸锌等。

产品应用　本品是一种水性防火阻燃涂料。

产品特性

(1) 本品具有阻燃时间长、附着强度高、不易干裂、耐火性能优异等优点;

(2) 无毒、安全、环保;

(3) 成本较低。

配方 46 水性膨胀防火涂料

原料配比

原料		配比(质量份)
纳米级共聚物	乙基二氯磷酸酯	3
	二乙烯三胺	15(体积)
	碘化钾	0.3
	5%氢氧化钠溶液	150(体积)
	氧氯化锆	3
	水	100(体积)
	石墨烯	0.3
	水	100(体积)
防火涂料的母液	纳米级共聚物、三聚氰胺、季戊四醇的混合物	40
	水	100
	水性树脂	100
水性固化剂溶液	水性固化剂	50
	水	100
防火涂料的母液		3
水性固化剂溶液		1
纳米级共聚物、三聚氰胺、季戊四醇的混合物	纳米级共聚物	3
	三聚氰胺	1
	季戊四醇	1

制备方法

(1) 将3~5g乙基二氯磷酸酯,10~50mL二乙烯三胺,0.1~0.5g碘化钾加入150~200mL 5%氢氧化钠溶液中,得混合物;将混合物置于冰水浴中混合搅拌12~24h后,在室温下结晶1~3天,然后在50~80℃下真空干燥,即得到产物A。

(2) 将产物A与3~5g氧氯化锆加入100mL水中,在80~100℃的水浴中搅拌12~24h,用水洗涤,过滤至pH值为5~6,在50~80℃下真空干燥,得到α-磷酸锆。

(3) α-磷酸锆与0.2~0.5g石墨烯加入100mL水中,50~80℃搅拌1~3h,之后在50~80℃下真空干燥,得到一种多片层富含磷元素的纳米级共聚物。

(4) 取30~50g上述纳米级共聚物、三聚氰胺、季戊四醇的混合物(按质量比3:1:1混合),加入100~200g水和100~200g水性树脂的混合液中,在球磨机中分散1~2h，即得防火涂料的母液。

（5）取25~50g水性固化剂与50~100g水混合均匀后，再与防火涂料的母液按质量比1∶(3~4）的比例混合，即得。

原料介绍

所述水性树脂为Ar555环氧树脂、H228A环氧树脂、E44环氧乳液、E51环氧乳液、E20环氧乳液。

所述水性固化剂为Aq419、H228B、W651、W650。

产品应用 本品主要用作防火涂料。

产品特性 本品选用膨胀阻燃剂体系，具有热稳定性高、环保等优点。α-磷酸锆与石墨烯通过缩合反应形成的一种纳米级共聚物，作为阻燃体系中的磷元素提供者，具有多片层结构和物理阻隔效应。另外，该纳米级共聚物具有比表面积大、吸附性强、表面带有大量的负电荷的特点，在树脂中由于其独特的表面效应，可以达到良好的分散和较强的与基材的附着力。

配方47 水性仿瓷涂料

原料配比

原料		配比（质量份）	
		1#	2#
乙酸乙烯-乙烯共聚乳液		300	200
苯乙烯-丙烯酸酯乳液		300	500
立德粉		350	150
分散剂		1	1.5
水		300	200
消泡剂		3	5
增稠剂		3	1.5
消泡剂	硅油	2~3	2~3
	植物油	0.6~1	0.6~1
	辛基酚聚氧乙烯醚	0.1~0.3	0.1~0.3
	锌皂盐	0.2~0.5	0.2~0.5
	聚乙烯醚	0.1~0.2	0.1~0.2
增稠剂	明胶	1~2.5	1~2.5
	酪蛋白酸钠	0.1~0.3	0.1~0.3
	黄原胶	0.2~0.8	0.2~0.8
	羧甲基淀粉钠	0.2~0.4	0.2~0.4

制备方法 将各组分原料混合均匀即可。

产品应用 本品主要用于砖料或墙面等。

产品特性 通过使用包括硅油、植物油、辛基酚聚氧乙烯醚、锌皂盐、聚乙烯醚的消泡剂，能确保水性仿瓷涂料的稳定可靠；增稠剂有效提高涂料的黏稠度，砖料或墙面等涂后无缝隙。本品具有较好的耐水、耐碱、耐洗刷等特点，总体使用的效果较好，延长了使用寿命，适于推广。

配方 48 水性仿大理石涂料

原料配比

原料	配比（质量份）		
	1#	2#	3#
羟乙基纤维素	3.5	4	5.5
多功能助剂	3.5	4.5	5.5
烷基酚聚氧乙烯醚	0.5	1	2
聚硅氧烷-聚醚共聚物	1.5	2	2.5
乙二醇	8.5	9.5	10.5
丙二醇甲醚	18	19	20
聚氨酯增稠剂	6	8	10
硅丙乳液	350	400	450
流平剂	2.5	3	4.5
有机改性膨润土	2	2.5	3
改性壳聚糖	10	15	20
稀土化合物	15	20	30
彩色岩片	200	250	300
水	200	250	300

制备方法

（1）按顺序依次将上述配料量的羟乙基纤维素3.5～5.5份，多功能助剂3.5～5.5份，润湿剂0.5～2份，消泡剂1.5～2.5份，乙二醇8.5～10.5份，成膜助剂18～20份，增稠剂6～10份，硅丙乳液350～450份，流平剂2.5～4.5份，防沉淀剂2.0～3.0份，彩色岩片200～300份和水200～300份加入配料罐中，用搅拌机进行预分散，物料分散均匀后进行研磨，制得初产品。搅拌速度为1200r/min，搅拌时间为20～40min。

（2）在研磨罐中补加剩余的抑菌剂10～20份、防青苔剂15～30份，调整黏度、喷涂性能及光泽，搅拌均匀后过滤、包装。

原料介绍

所述抑菌剂是改性壳聚糖。

所述防青苔剂是稀土化合物。

所述润湿剂是烷基酚聚氧乙烯醚。

所述消泡剂是聚硅氧烷-聚醚共聚物。

所述成膜助剂是丙二醇甲醚。

所述增稠剂是聚氨酯增稠剂。

所述流平剂是由有机改性硅氧烷流平剂、氟碳改性聚丙烯酸铵盐流平剂以

2∶3的比例混合而成。

所述防沉淀剂是有机改性膨润土。

产品应用 本品是一种水性仿大理石涂料。

产品特性

（1）本品抑菌效果显著，延长了涂料的耐久性。

（2）本品防青苔效果明显，节省了后期维护成本。

配方 49 水性氟硅丙纳米溶胶超耐候耐污涂料

原料配比

原料	配比（质量份）					
	1#	2#	3#	4#	5#	6#
纳米硅丙乳液	10	20	12	12	14	17
含氟丙烯酸树脂乳液	30	50	45	35	40	45
含羟基氟硅丙树脂	8	12	10	9	10	11
水性氟树脂乳液	8	10	8	8.5	9	9.5
乳化剂	1	3	2	1.5	2	3
引发剂	0.8	1.5	1.2	0.9	1.2	1.4
椰子油脂肪酸二乙醇胺	2	5	5	3	3.5	4
棕榈酸蔗糖酯	1	3	3	1.5	2	2.5
纳米填料	3	4	3.5	3.2	3.4	3.8
水	20	40	37	25	30	35
其他助剂	2	4	3	2.5	3	4

制备方法

（1）在三口烧瓶中加入纳米硅丙乳液、含氟丙烯酸树脂乳液和含羟基氟硅丙树脂，搅拌混合均匀；升温至60~70℃，加入乳化剂、引发剂，混合均匀后，以2~5mL/min的速度逐滴加入水性氟树脂乳液，反应20~30min；加入椰子油脂肪酸二乙醇胺、棕榈酸蔗糖酯，继续反应1~3h，冷却至室温得到混合液；所述水性氟树脂乳液的滴加速度为3.5mL/min。

（2）将纳米填料和水混合均匀，加入其他助剂，在500~800W的功率下超声1~2h，得到纳米填料分散液；所述超声的功率为700W，超声时间为1.5h。

（3）将步骤（1）得到的混合液和步骤（2）得到的纳米填料分散液混合搅拌均匀，得到水性氟硅丙纳米溶胶超耐候耐污涂料。

原料介绍

所述含羟基氟硅丙树脂是由氟烯烃-烷基乙烯基醚共聚树脂、有机硅、羟基丙烯酸树脂交联而成。

所述乳化剂为聚氧乙烯失水山梨醇单油酸酯、烷基酚聚氧乙烯醚、十二烷基苯磺酸钠的混合物，三者质量比为1∶(2~2.5)∶3。

所述引发剂为聚氨酯甲酸酯树脂、乙酸酯、偶氮二甲酸二异丙酯中的一种或多种混合。

所述纳米填料为纳米 TiO_2、纳米氯化钙、纳米 SiO_2 的混合物，三者质量比为(0.5～1)：3：1。

所述其他助剂，以质量份计，包括：催化剂0.5～1份，防流挂剂1～1.5份，分散剂1～2份，固化剂1～3份。

产品应用 本品是一种水性氟硅丙纳米溶胶超耐候耐污涂料。

产品特性

（1）本品在制备过程中加入椰子油脂肪酸二乙醇胺、棕榈酸蔗糖酯，大大提高了涂料的涂膜性能和稳定性；

（2）本品合理控制水性氟树脂乳液的滴加速度，使得制备的涂料均一性好，溶胶粒子粒径小，表面活性基团多，可以与纳米填料形成良好的交联，制备得到的涂料耐污、耐候性好，性能持久。

配方50 水性复合隔热保温装饰涂料

原料配比

原料		配比（质量份）		
		1#	2#	3#
环氧树脂改性苯丙乳胶		20	40	30
颜填料		20	10	15
成膜助剂		6	8	5
防冻剂	乙二醇	1	2	2
消泡剂	聚乙酸乙烯酯	2	—	—
	有机硅	—	3	—
	二甲基硅油	—	—	1
分散剂	疏水性改性羧酸钠盐	5	—	—
	铵盐	—	2	—
	聚丙烯酸钠盐	—	—	4
增稠剂	硅藻土	1	—	—
	聚氨酯	—	2	—
	钠基膨润土	—	—	3
水		30	35	40
颜填料	钛白粉	2	1	2
	硅灰石	3	1	2
	空心陶瓷微珠	5	2	3
	硅酸铝纤维	7	5	6
	远红外粉	3	1	2
成膜助剂	醇酯-12	1	1	1
	二丙二醇丁醚	1	1	1

制备方法

（1）将 1/3 量的水和分散剂在 1200～1500r/min 下搅拌混合均匀，搅拌 10～15min，再加入颜填料中的硅酸铝纤维，调节搅拌速度为 1800～2000r/min，搅拌 10～20min，混合制成浆料；

（2）将剩余量的水、浆料、成膜助剂、防冻剂及消泡剂搅拌均匀，然后再依次加入环氧树脂改性苯丙乳胶及颜填料中的钛白粉、远红外粉、空心陶瓷微珠及硅灰石，调节速度为 500～600r/min，搅拌 20～30min；

（3）将转速调节至 600r/min 时加入增稠剂，调整黏度，得到水性复合隔热保温装饰涂料。

原料介绍

所述的环氧树脂改性苯丙乳胶的制备工艺具体包括以下步骤：

（1）预乳化液的制备：在装有电动搅拌器、恒压滴液漏斗的三口烧瓶中加入乳化剂 SDS、pH 调节剂、溶解环氧树脂的混合单体苯乙烯和水，在 500～600r/min 下高速搅拌预乳化 20～30mim，制得预乳化液。

（2）乳液合成：在装有电动搅拌器、回流冷凝管、恒压滴液漏斗的四口烧瓶中加水搅拌，升温至 85～87℃，加入 1/3 量的预乳化液以及引发剂过硫酸铵溶液，搅拌至体系出现明显蓝光，开始滴加剩余的预乳化液和引发剂过硫酸铵溶液，在 2～3h内均匀滴加完，恒温反应 1～2h，升温至 88～90℃，保温 0.5～1h，然后降温至 40～50℃，出料，得到环氧树脂改性苯丙乳胶。

产品应用 本品是一种水性复合隔热保温装饰涂料。

产品特性 苯丙类弹性乳胶具有优良的耐候性、成膜性能以及抗紫外光等优点，但在某些场合使用时仍有许多不足，如耐化学品性、机械力学性能差，限制了进一步应用；而环氧树脂耐碱性、耐化学品性、耐溶剂性优异，机械强度高，具有良好的附着力。本品采用其对苯丙乳胶进行改性，可以有效提高乳胶对基材的附着力、乳胶膜的力学性能、热机械力学强度以及耐化学品性等综合性能。

配方 51 水性复合隔热涂料

原料配比

原料		配比（质量份）			
		1#	2#	3#	4#
丙烯酸乳液		35	40	40	45
金红石型钛白粉		10	12	12	20
中空玻璃微珠		7	7	7	15
绢云母		5	6	6	10
隔热填料	堇青石	2.5	2.5	1.2	3
	海泡石	—	—	1.3	3
水性防腐剂	1,2-苯并异噻唑啉-3-酮	0.1	0.2	0.2	0.3

续表

原料		配比（质量份）			
		1#	2#	3#	4#
水性增稠剂	羟丙基甲基纤维素	0.5	0.8	—	1
	羧甲基纤维素钠	—	—	1	—
水性消泡剂	聚硅氧烷-聚醚共聚物	0.2	0.3	0.3	0.3
水性分散剂	聚乙二醇型多元醇	0.3	0.3	0.3	0.5
水性防霉剂	苯并咪唑氨基甲酸甲酯	0.1	0.2	0.2	0.3
水性润湿剂	聚氧乙烯烷基酚醚	0.1	0.2	—	0.3
	硅醇类非离子表面活性剂	—	—	0.2	—
成膜助剂	乙二醇丁醚	1	1.2	—	—
	二异丙醇己二酸酯	—	—	1.5	2
水		20	25	28	30

制备方法

（1）将各原料按照所要求的质量份称取；

（2）将步骤（1）称取的水、水性分散剂、水性润湿剂、水性消泡剂、水性防霉剂、水性防腐剂以500～700r/min的转速在10～50℃下搅拌10～30min；

（3）再添加步骤（1）称取的金红石型钛白粉、绢云母及经过球磨处理细化的隔热填料，以4000～6000r/min的转速在10～50℃下搅拌20～50min；

（4）降低转子转速到400～600r/min，添加步骤（1）称取的丙烯酸乳液、成膜助剂、中空玻璃微珠，在10～50℃下搅拌10～30min，再加入步骤（1）称取的水性增稠剂，搅拌10～30min，即得到所述的水性复合隔热涂料。

产品应用 本品是一种水性复合隔热涂料。

产品特性

（1）绿色环保。本品采用水作为溶剂，没有采用有机溶剂，采用的原材料均是环保型的，不会对环境和人体造成影响。

（2）本品中金红石型钛白粉、中空玻璃微珠、绢云母、海泡石具有阻隔作用；金红石型钛白粉和堇青石具有反射作用；绢云母还具有辐射作用。因而本品是一种综合阻隔、反射和辐射三种隔热功能为一体的功能性涂料。

（3）海泡石作为隔热材料时，所包含的微孔和中孔可起到高效隔热作用，其热传导、对流传导率和辐射热传导的效率都减小。

（4）由于堇青石、绢云母、海泡石价格低廉，可有效降低产品成本，有利于产品的推广使用。

配方 52 水性高膨胀钢结构防火涂料

原料配比

原料			配比（质量份）		
			1#	2#	3#
阻燃体系	聚磷酸铵	聚合度 100	22	—	—
		聚合度 50	—	26	22
	季戊四醇		8	12	10
	三聚氰胺		8	8	10
	可膨胀石墨	粒径 50 目	6	—	—
		粒径 80 目	—	3	—
		粒径 100 目	—	—	3
成膜体系	乙酸乙烯酯-乙烯水性共聚乳液		40	41	40
	偏磷酸铵		5	3	2
功能填料	气相二氧化硅		—	—	2
	十二水合磷酸钠		4	5	—
	S1 硅烷类消泡剂		3	1	1.1
	S4 硅烷类流平剂		4	1	0.9

制备方法 将混合均匀的膨胀体系与功能填料加入成膜体系，搅拌均匀即得所述防火涂料。

原料介绍

所述聚磷酸铵聚合度 50～100。

所述可膨胀石墨粒径 50～100 目。

所述成膜体系由乙酸乙烯酯-乙烯水性共聚乳液与固化剂偏磷酸铵组成。

所述功能填料为无机相变材料十二水合磷酸钠或气相二氧化硅。

所述功能填料还含有消泡剂和流平剂。

产品应用 本品是一种水性高膨胀钢结构防火涂料。

在钢结构防火中的使用：对钢结构表面分别进行以下操作：粗砂纸打磨、细砂纸打磨、冷水冲洗、酸洗除锈、冷水除锈、热水冲洗、碱洗除油、热水冲洗、冷水冲洗、滤纸吸干。在经过预处理的钢结构表面进行喷涂，先喷涂第一层防火涂料，待第一层防火涂料干燥后再喷涂第二层，然后修正边角、接口等部位，并进行检验。

产品特性

（1）本品以水性乳液体系为主要成分，VOC 含量低，减少在生产和涂装过程对环境的污染。

(2) 本品涂层外观平整，有很好的装饰性，且不易积灰，尤其适用于裸露的钢结构的防火保护。

(3) 本品施工方便，耐火极限至3h以上，在满足高效防火性能的同时，还能够满足建筑物外观高装饰性的需求。

配方53 水性隔热保温涂料

原料配比

原料	配比（质量份）		
	1#	2#	3#
弹性丙烯酸改性乳液（水性）	35	30	38
环氧树脂（水性）	6	7	5
乙二醇	4	5	3
空心玻璃微珠	11	15	10
石棉粉	4	5	3
氧化铝	6	7	5
高岭土	18	15	20
滑石粉	1	1.2	0.8
分散剂	0.6	0.7	0.5
润湿剂	0.4	0.5	0.3
消泡剂	0.5	0.6	0.4
抗菌剂	0.2	0.3	0.1
防霉剂	0.3	0.4	0.2
流平剂	2	2.5	1.5
增稠剂	1	1.2	0.8
水	10	8.6	11.4

制备方法

一边加入上述原材料，一边通过电机搅拌。在加入空心玻璃微珠过程中，电机搅拌的速度小于900r/h，因为空心玻璃微珠壁薄、易碎，慢速搅拌可保护空心玻璃微珠不被碰碎。

产品应用 本品用于墙壁的隔热保温。

产品特性 由于本品中不含挥发性大的有机物，所以本水性隔热保温涂料毒性极小，利于环保；因为功能性填料具有隔热保温作用，空心玻璃微珠具有热反射及空心隔热保温作用，而且采用本技术，能有效避免空心玻璃微珠被碰碎，所以本品隔热保温效果极佳，节能性显著提高。

配方 54 水性隔热反光涂料

原料配比

底漆

原料	配比（质量份）					
	1#	2#	3#	4#	5#	6#
水	200	173	196	206	260	270
分散剂 5040	5	6	5.5	6.5	4.5	5.5
分散剂 5027	1.5	3.5	1	2.5	3	2.3
分散剂 3204	1	2	1.5	1	1	1.2
消泡剂 NXZ	2	1.5	2	2	1.5	1.5
成膜助剂 C-04	17.5	17.5	18	18	16	18
丙二醇	20	20	20	20	20	20
防腐剂 LFM	2	2	2	2	2	2
二氧化钛（金红石型 CR-828）	75	60	80	80	70	60
海泡石（400 目）	0	20	70	110	0	35
硅藻土（325 目）	200	180	150	100	210	170
云母（600 目）	20	40	0	10	0	0
重钙粉（1250 目）	90	80	60	70	43	55
滑石粉（1250 目）	0	30	30	0	25	15
乳液 H-518	350	350	350	350	330	330
消泡剂 NXZ	1.5	2	1.5	1.5	1.5	1
多功能助剂 AMP-95	3.5	2.5	2	2	3.5	4.5
增稠剂 AS1130H	8	7.5	7	9	8.5	7.5
增稠剂 612	2.5	3	3	2	2	2.5
流平剂 2000D	2.5	2	2.5	2	2	1.5

面漆

原料	配比（质量份）					
	1#	2#	3#	4#	5#	6#
水	193	200	185	190	204	204
分散剂 5040	1	0	1	1	1.5	1.5
分散剂 5027	6	6	6.5	6.5	6	7
分散剂 H800	1.5	2.5	2	1.5	2	1.5
消泡剂 F111	1.5	2	1.5	2	1	1
成膜助剂 C-04	17.5	18	18	18	18	18
丙二醇	20	20	20	20	20	20
防腐剂 LFM	2	2	2	2	2	2
二氧化钛（金红石型 R-902）	90	90	85	90	80	90

续表

原料	配比（质量份）					
	1#	2#	3#	4#	5#	6#
珠光云母（600 目）	119	94	82	50	85	60
氧化锌（99.7%）	140	165	180	220	200	210
铝粉（400 目）	10	15	0	0	0	0
重钙粉（1250 目）	30	0	25	0	0	30
滑石粉（1250 目）	0	20	25	25	25	0
乳液 AC-261	350	350	350	360	340	340
消泡剂 A-10	2	1.5	2	1.5	2	2
多功能助剂 AMP-95	3	2.5	3	2.5	3	3
增稠剂 AS1130H	7.5	8	7.5	8.5	9	8.5
增稠剂 612	4	3.5	3.5	3	3	3
流平剂 2000D	2	2.5	2.5	1.5	2	2

制备方法

将水、助剂、颜填料、隔热材料（或反光材料）经高速搅拌分散，然后将浆料研磨，再加入水乳型合成聚合物乳液、增稠剂、流平剂，混合均匀后过滤，检测，即得水性隔热反光涂料的底漆（或面漆）。将面漆和底漆混合，即为本水性隔热反光涂料。

产品应用　本品用于提高石油化工、粮油仓储等领域的库房（罐）的仓储性能。

产品特性　本品具有明显的隔热反光效果，散热性能良好。

配方 55　水性隔热粉末涂料

原料配比

原料	配比（质量份）		
	1#	2#	3#
纳米级复合钛酸酯隔热粉	20	5	14
复合硅铝酸盐	30	65	48
聚丙烯单体-聚乙烯醇	30	10	20
钛白粉	18	15	14
轻质碳酸钙	2	5	4

制备方法

（1）将上述组分经混合机充分搅拌，得到水性隔热粉末。

（2）将水性隔热粉末与水按 1∶(0.5～0.8) 的质量比混合，调至合适的黏度，即得到水性隔热粉末涂料。

产品应用　本品主要用作建筑物堵漏剂，可涂刷在水泥、钢板、玻璃等多种材料表面，用在钢板上时对钢板有防锈效果。

产品特性 本品有优异的隔热、保温效果，隔热效果在10～18℃；使用极其方便，加自来水调至所需黏度即可刷涂或喷涂；无任何有害重金属，无溶剂，安全、环保；对建筑墙体的水泥有增强耐候性效果；与水泥有相同的耐水性、耐候性，对雨水有防渗能力。

配方56 水性隔热阻燃多功能纳米涂料

原料配比

原料	配比（质量份）		
	1#	2#	3#
纳米二氧化钛	5	5	5
纳米二氧化钛包覆的空心玻璃微珠	5	5	5
纳米二氧化钛包覆的空心陶瓷微珠	5	5	5
纳米掺锑二氧化锡	5	5	5
水	10	40	20
乙醇	10	10	6
异丙醇	10	10	6
正丁醇	10	10	6
丙二醇甲醚乙酸酯	10	10	6
分散剂	1	1	2
合成水性树脂	750	300	140
成膜助剂	20	20	10
纤维水镁石粉体	10	10	5
偶联剂	20	20	5
消泡剂	10	10	5
流平剂	10	10	5
润湿剂	10	10	5

制备方法

（1）制备纳米颜填料浆料：按纳米颜填料浆料中各组分的质量比称取纳米二氧化钛、纳米二氧化钛包覆的空心玻璃微球、纳米二氧化钛包覆的空心陶瓷微珠、纳米掺锑二氧化锡（ATO）、纤维水镁石的纳米粉体、水、乙醇、异丙醇、正丁醇、丙二醇甲醚乙酸酯和分散剂。首先，将作为溶剂的水、乙醇、异丙醇、正丁醇和丙二醇甲醚乙酸酯加入分散机中，然后，加入分散剂，最后加入纳米粉体，分散2h，即得到所需质量份的纳米颜填料浆料。

（2）按质量份称取合成水性树脂、纳米颜填料浆料、成膜助剂、纤维水镁石粉体、偶联剂、消泡剂、流平剂和润湿剂。首先，将第一步制得的纳米颜填料浆料滴加到合成水性树脂中，然后再加入成膜助剂、纤维水镁石、偶联剂、润湿剂、消泡剂和流平剂，搅拌10～30min，即得到本品——一种水性隔热阻燃多功能纳米涂料。

原料介绍

所述分散剂为十六烷基苯磺酸钠。

所述合成水性树脂选自聚氨酯、环氧树脂、硅丙树脂和纯丙树脂，聚磷酸铵、三聚氰胺、季戊四醇中的一种或多种。

产品应用 本品主要适用于外墙、建筑屋顶等外部设施的涂装。

产品特性 本品的生产工艺，包括后期的涂膜制作工艺都非常简单，不需要昂贵的设备投资，生产和制作成本都较低；同时本品所采用材料的成本都比较低，因此制得的涂料成本比较低，从而使用该涂料的生产成本也较低。本品能够自动流平，表面平整光滑。除此之外，本品可以直接用于涂膜，也可以根据实际施工要求用水稀释，非常环保，避免了过去的涂料需要用有机溶剂稀释的缺点，而且涂膜之后，自然硬化，不用烘烤，使用十分方便。涂料成膜后的热导率低、热反射率高，能有效地降低辐射传热及热传导，起到隔热保温的作用。本品还具有极好的耐水性、自清洁性能、抗渗性、耐候性、柔韧性及与基层好的黏接强度等性能，涂料的稳定性高、光泽、流变性和耐候性好。综上所述，本品加工工艺简单，组分配比合理，所制备的涂料具有热阻大、反射率高，辐射传热性能好，具备一定防火性能，高效隔热、涂膜的机械及化学性能优良，环境友好，耐沾污、阻燃、节能环保。

配方 57 水性建筑保温涂料

原料配比

原料	配比（质量份）
醋丙共聚乳液	40
水	20
丙二醇	2
乙二醇	1
醇酯-12	1.5
钛白粉	20
高岭土	3
氧化铝粉末	25
异噻唑酮	1
聚羧酸钠	1
甲基硅油	1
丙烯酸有机硅酯	0.5
聚丙烯酸酯	1.5
聚氧乙烯醚	0.5
氨水	0.5

制备方法

（1）搅拌：将合成乳液、增稠剂放入容器中搅拌，在搅拌过程中慢速加入水，边搅拌边加入钛白粉、氧化铝粉末、高岭土，搅拌均匀后，依次加入丙二醇、乙二醇、醇酯-12、防霉剂、分散剂、甲基硅油、润湿剂、流平剂、氨水，继续搅拌至稀浆状；

（2）滚磨：在陶瓷坛内装入 ϕ 35～40mm、数量为坛容积50%～60%的硬质陶瓷球，加入上述步骤所得的浆料，盖紧坛盖，上滚坛机滚磨 18～22h，在滚速为40～45r/min下对坛内浆料进行滚磨；

（3）过滤：将滚磨后的浆料倒出，经 80～100 目锦纶滤网过滤，得水性建筑保温涂料。

原料介绍

分散剂为聚羧酸盐类分散剂或缩合磷酸盐类分散剂。防霉剂为异噻唑酮或3，3-二硫代二丙酸二甲酯。

流平剂为丙烯酸有机硅酯。增稠剂为聚丙烯酸酯。润湿剂为聚氧乙烯醚。

产品应用 本品是一种水性建筑保温涂料。

产品特性 本品施工方法简单、环境友好、保温效果好。

配方 58 水性建筑反射隔热涂料（一）

原料配比

原料	配比（质量份）	
	1#	2#
高分子合成乳液	50	20
水	20	10
纳米材料	30	10
分散剂	5	0.5
填料	10	30
颜料	20	1
增稠剂	3	0.5
其他助剂	5	10

制备方法

（1）浆料的制备：按照比例，将水、分散剂、纳米材料、颜料和填料混合，搅拌0.5～2h，采用砂磨机研磨，磨细至细度为50～80 目；

（2）涂料的制备：按照比例，将高分子合成乳液，步骤（1）中已磨细的浆料和其他助剂搅拌混合0.5～2h，加入增稠剂，即可获得产品。

原料介绍

所述高分子合成乳液选自氟碳乳液、丙烯酸乳液、苯丙乳液或硅丙乳液中的一种，质量固含量为48%～52%；

所述纳米材料选自纳米氧化锌、纳米氧化钛、纳米氧化铝或纳米氧化钴中的一种，粒径为60～95nm；

所述分散剂选自聚羧酸盐或聚丙烯酸盐，优选聚羧酸铵盐、聚羧酸钠盐、聚丙烯酸钠盐或聚丙烯酸铵盐；

所述填料为滑石粉、高岭土或碳酸钙；

所述颜料为钛白粉、氧化锌或立德粉；

所述增稠剂为聚氨酯缔合型增稠剂、非离子缔合型增稠剂或碱溶胀型增稠剂；

所述其他助剂为丙二醇、乙二醇、有机硅消泡剂、矿物油消泡剂、醇酯或二乙二醇单丁醚，其作用是防冻、消泡和助成膜。

产品应用 本品主要应用于建筑物涂装。

产品特性 本品生产工艺简单，采用纳米材料，具有出色的反射隔热性能，不含有害物质，对环境无污染。

配方 59 水性建筑反射隔热涂料（二）

原料配比

原料	配比（质量份）		
	1#	2#	3#
丙烯酸乳液	50	40	40
硅丙乳液	12	10	20
钛白粉	10	6	12
空心微珠（平均粒径 10 ~ 30μm）	5	5	6
纳米级过渡金属氧化物氧化钴	1	2	2
滑石粉	10	5	8
聚丙烯酸钠分散剂	1	1	1
有机硅改性聚硅氧烷抗污剂	0.2	0.2	0.2
有机硅消泡剂	0.3	0.3	0.3
邻苯二甲酸二丁酯增塑剂	0.5	0.4	0.5
水	10	10	10

制备方法

（1）在低速搅拌下依次加入配方量的水、分散剂、部分消泡剂、增塑剂和抗污剂等充分混合均匀，然后添加钛白粉，研磨分散 30min，使粉体粒子在高剪切速率作用下，分散成原级粒子，并达到分散稳定状态，得到色浆；

（2）将步骤（1）所得色浆缓慢加入丙烯酸乳液和硅丙乳液的混合乳液中，再低速搅拌 30 ~ 40min；

（3）在低速状态下，向经过步骤（2）的分散液中加入空心微珠、纳米级过渡金属氧化物氧化钴、滑石粉，搅拌过程中滴加剩余的消泡剂，并调到合适的黏度，过滤，出料，即得所述隔热涂料。

产品应用 本品主要用于保持室内温度恒定，增大室内外的温差，在夏季减少降温能耗，在冬季降低取暖费用。

产品特性 本品选择透明度高、不含吸热基团且对可见光和近红外光吸收小的丙烯酸乳液为主要成膜物质，辅以抗污性优异的硅丙乳液，并通过添加铁白粉来提高反射率、遮盖率、膜层强度、耐老化性和耐磨性；添加具有中空结构的空心微珠减缓热量传递，更好地达到降温节能的目的；添加少量具有高发射率的纳米级过渡金属氧化物，提高热辐射。同时，选择合适的助剂进行配比优化，在保证良好反射隔热功能的基础上突出涂膜的耐候性、耐水性、耐温变性、防水性、抗开裂性，以最低成本获得综合性能最佳的涂膜性能。本品成本低，综合性能优异，适于推广应用。

配方 60 水性建筑隔热涂料

原料配比

原料	配比（质量份）
丙烯酸乳液	40
丙二醇	2.8
醇酯-12	1.5
钛白粉	12
金属氧化物粉末	18
异噻唑酮	1
聚羧酸钠	1
甲基硅油	1
丙烯酸有机硅树脂	0.5
聚丙烯酸酯	1.5
聚乙氧基壬基酚	0.05
玻化微珠	10
氨水	0.5
水	加至 100

制备方法

（1）搅拌。在搅拌过程中缓慢将水、丙二醇、醇酯-12、润湿剂、分散剂、消泡剂、流平剂、防腐剂、金属氧化物粉末、钛白粉依次加入混合，然后经高速搅拌后，再低速搅拌加入玻化微珠、合成乳液、氨水、增稠剂，继续搅拌至稀糊状。

（2）球磨。在瓷坛内装入 ϕ35 ~ 40mm、数量为坛容积 50% ~ 60% 的硬质瓷球，加入上述步骤所得的浆料，盖紧坛盖，装上球磨机，在转速 60 ~ 80r/min 下，球磨 24 ~ 48h。

（3）过滤。将球磨后的浆料倒出，经 100 ~ 125 目尼龙丝网过滤，得水性建筑隔热涂料。

原料介绍

所述合成乳液为丙烯酸乳液；所述润湿剂为聚乙氧基壬基酚类润湿剂；所述分散剂为聚羧酸盐类分散剂；所述防腐剂为异噻唑酮；所述消泡剂为甲基硅油；所述流平剂为丙烯酸有机硅树脂；所述增稠剂为聚丙烯酸酯。

产品应用 本品主要用作水性建筑隔热涂料。

产品特性 本品不含 VOC 等挥发性致癌物质及其他有害化合物，重金属含量远低于涂料国标规定的标准，对人体无不良影响，对太阳光和热具有很好的反射、发射、阻隔作用；本品 2mm 厚度的涂层就可使外表面太阳发射比达到 85% ~90%，半球发射比达到 85% ~90%，隔热效率可超过 55%，隔热温差可达 23℃以上，隔热性能非常好，大大优于其他保温材料，而且使用与普通建筑涂料施工方法一样，非常方便。

配方 61 水性环保墙涂料

原料配比

原料	配比（质量份）
群青	0.9
水	13
硫酸镁	12
氧化钙粉	30
轻质碳酸钙	33
氧化镁	15
白水泥	13
树脂胶粉	1.2
钛白粉	33
滑石粉	36

制备方法

（1）在搅拌容器中加入水、群青，充分搅拌均匀，加入硫酸镁，使其完全溶解后，经砂磨机磨浆备用；

（2）将步骤（1）所获物料中加入氧化钙粉、轻质碳酸钙，搅拌 35min，静置 35min，经反应粉碎后备用；

（3）将步骤（2）所获物料中加入氧化镁、白水泥、树脂胶粉、钛白粉、滑石粉，充分混合，搅拌均匀后即可得成品。

产品应用 本品是一种主要用于宾馆、酒店、美容院、商场等建筑外墙装饰的水性环保墙涂料。

产品特性 本品具有无毒、无味、阻燃、防水、无污染、施工方便、工艺简单等特点，并具有耐擦洗、光洁度好、耐久性好、耐水性强、吸潮透气、防霉抗菌、抗紫外线、不卷皮、抗老化等优点。

配方 62 水性环保阻燃隔热保温涂料

原料配比

原料		配比（质量份）		
		1#	2#	3#
水性丙烯酸乳液	杂化交联接枝丙烯酸乳液	40	—	20
	有机硅接枝丙烯酸乳液	—	30	—
水性环氧树脂乳液	水性聚氧乙烯接枝环氧树脂乳液	10	—	—
	聚氧丙烯链端环氧树脂乳液	—	15	15
水性无机阻燃分散体浆料		20	25	30
水性隔热保温纳米分散体浆料		5	10	10
水性润湿分散剂		0.1	0.2	0.3
水性消泡剂		0.1	0.5	1
硅烷偶联剂		1	2	2
无铅颜料	氧化锌	10	—	—
	金红石型钛白粉	—	10	—
	立德粉	—	—	8
成膜助剂	丙二醇丁醚	2.5	—	2
	二丙二醇甲醚	—	1	—
水		11.3	6.3	11.7

制备方法

按配方的质量份计，把水性环氧树脂乳液滴加到水性丙烯酸乳液中，搅拌分散 5～10min，然后将预先制得的水性无机阻燃分散体浆料、水性隔热保温纳米分散体浆料滴加，搅拌分散 15～30min，再加入配方规定量的 5%～10% 的水到分散缸中，在 400～600r/min 的转速下搅拌 20～30min，然后加入剩下的水，再加入水性消泡剂、硅烷偶联剂，在 1000～1200r/min 的转速下加入成膜助剂、无铅颜料，继续分散 25～40min，测得黏度为 35s±2s 后，过滤后出料，即得到水性环保阻燃隔热保温涂料。

原料介绍

所述水性丙烯酸乳液为杂化交联接枝丙烯酸乳液或有机硅接枝丙烯酸乳液的一种或几种的组合。

所述水性环氧树脂乳液为水性聚氧乙烯接枝环氧树脂乳液或聚氧丙烯链端环氧树脂乳液中的一种或几种的组合。

所述水性消泡剂为水性非硅酮脂肪酸聚合物、改性聚丙烯酸聚合物、聚氧乙烯醚或改性聚硅氧烷的其中一种。

所述硅烷偶联剂为改性氨基硅烷偶联剂或环氧基有机硅烷偶联剂中的一种。

所述无铅颜料为金红石型钛白粉、立德粉、氧化锌或硫酸钡中的一种或几种。

所述成膜助剂为丙二醇丁醚、二丙二醇甲醚的一种或几种的组合。

所述水为去除杂质的自来水。

所述水性无机阻燃分散体浆料按照以下制备工艺制得：依次加入水、水性润湿分散剂，搅拌均匀，然后边搅拌边缓慢加入海泡石、勃姆石粉体，粉体加完后高速分散30min，开启研磨机，进行循环研磨，研磨时间大约为3～8h，得到固含量为15%～30%、中位粒径在40～80nm的浆料。

所述水性润湿分散剂为六偏磷酸钠类润湿剂。

所述水性隔热保温纳米分散体浆料按照以下制备工艺制得：依次（按质量比）加入组分量的水、水性润湿分散剂搅拌均匀，边搅拌边缓慢加入三氧化钨粉体；待粉体加完后高速分散30min，开启纳米研磨机，进行循环研磨，间隔时间取样检查，中位粒径在40～80nm之间时，停机得到纳米分散体浆料。纳米分散体颗粒粒度分布均匀，且非常稳定，常温下保存期长，与大多成膜物质均有良好的相容性。纳米粒子化40～80nm后的三氧化钨分散体在1300～2500nm（长波近红外线）间有较好的屏蔽作用。

产品应用 本品主要应用于工程机械、五金钢构、水泥、内外墙等范围的材质表面。

产品特性

（1）本品采用水性丙烯酸乳液，协同其他组分，可以实现在被涂覆基材表面有效提高涂层漆膜的连整性、耐水性和耐沾污性，效果明显优于普通的水性塑胶涂料；而且，利用丙烯酸的柔韧性，可以实现在各种形状材质表面辊涂、淋涂、喷涂、刮涂、刷涂、浸涂的施工。

（2）本品采用水性环氧树脂乳液，协同其他组分，可以有效保证被涂覆基材的封闭性强、防腐蚀、耐磨刮、耐酸碱、抗冲击，耐化学品性。由于基材在户外要受到紫外线、可见光、氧气和化学物质和微生物的侵蚀，封闭状态瓷釉质膜层具有独特的致密度，抵抗空气中的污染，如酸雨、烟雾、粉尘、海边的盐碱等物质侵蚀，充分利用材料间的互补优势，可以实现涂覆基材在光照和潮湿环境下整体涂覆体的耐变色老化性、耐黄变性，对基材的装饰性远远高出其他涂料。

（3）本品利用纳米粒子技术处理的海泡石、勃姆石粉体，可以实现随涂料渗透进入基材空隙，协同其他助剂，在燃烧条件下产生强烈脱水性物质，使涂层迅速碳化而不易产生可燃性挥发物，从而阻止火焰蔓延；脱水后在可燃物表面生成保护膜，隔绝氧气，可阻止继续燃烧；使可燃性高聚物的浓度下降，脱水放出的水汽稀释可燃性气体和氧气的浓度，有效阻止燃烧。

（4）本品采用纳米海泡石分散体、纳米勃姆石分散体，运用独特纳米粒子技术，可以实现有效促进碳化层之形成，达到绝佳阻燃、抑烟、填充三重功能的防火要求，燃烧过程中通过受热分解，释放出结合水，吸收大量的潜热，来降低它所填充的材质在火焰中的表面温度，具有抑制聚合物分解和对所产生的可燃气体进行冷却的作用。

（5）本品的涂层在高温明火燃烧下分解生成的保护膜涂层又是良好的耐火材料，也能帮助提高基材的抗火性能，同时它放出的水蒸气也可作为一种抑烟剂，具有不产生腐蚀性卤素气体及有害气体、不挥发、效果持久、无毒、无烟、无滴落等特点。能够在燃烧高温条件下，有效阻止热量向基材传递，有效隔绝氧气，防止滴落、明火蔓延，不会产生有机物高温分解的刺鼻异味及烟雾，可有效阻止继续燃烧，延缓基材升温导致变形，起到阻燃防火保护作用。

（6）本品采用了具有隔热保温效果的纳米三氧化钨分散体，粒度分布均匀，且非常稳定，常温下保存期长，与大多成膜物质均有良好的相容性。纳米三氧化钨纳米粒子化 40～80nm 分散体在 1300～2500nm（长波近红外线）间有较好的屏蔽作用；涂层能够形成有光反射、光选择吸收的光学涂层，具有氧敏、湿敏、气敏的敏感特性等。在涂料中加入三氧化钨可以达到减少光的透射和热传递效果，产生隔热保温等效果。尤其具有半导体特性的氧化物粒子，在太阳热能温度下具有比常规的氧化物高的导电特性，因而能起到保温隔热的作用，有效延长基材的使用寿命，并能长久保持。

（7）本品能有效防止和降低建筑物、钢构物件等基材的阻燃，可永久性以涂层形式涂覆在多种材质表面，更加具备美观装饰性，在一定的温度下不会被熔解，对基材形成具有封闭性强、防腐蚀、耐磨刮、耐酸碱、抗冲击，阻燃防火的有效保护，利于发展环保产业、节约能源、保护环境、实现污染物的低排放。

（8）抗沾污性好。产品标准状态下，涂膜的抗沾污、抗化学品性好，膜层具有独特的致密度，保证了良好的耐化学品性。

（9）耐水性优异。本产品标准状态下，有效防止水分渗入基材，用水浸泡后不起泡、不发白，轻微泛白后能够迅速恢复，不会剥落。

配方 63　水性建筑隔热保温外墙涂料

原料配比

原料	配比（质量份）					
	1#	2#	3#	4#	5#	6#
天然砂	5	7	8	9	8	8
珍珠岩粉	3	6	4	7	4	4
海泡石	1	2	3	5	3	3
纳米孔硅气凝胶	3	8	5	9	5	5
水玻璃	2	4	4	6	4	4
陶瓷纤维	2	4	2	7	2	2
硅酸铝纤维	1	2	1	4	1	1
聚羧酸盐分散剂	2	5	2	6	2	2
硅溶胶	3	4	3	5	3	3

续表

原料	配比（质量份）					
	1#	2#	3#	4#	5#	6#
聚氨酯胶黏剂	2	3	2	5	2	2
水性醇酸树脂	2	5	5	6	5	5
增稠剂	1	4	3	5	3	3
纤维素	3	5	7	7	7	7
氨基树脂	1	2	4	4	4	4
十一碳烯酸甘油酯	2	3	2	4	2	2
三聚磷酸硅	2	5	5	6	5	5
卵磷脂	—	—	—	—	—	0.2～0.9

制备方法

（1）以质量份计，将天然砂5～9份、珍珠岩粉3～7份、海泡石1～5份、纳米孔硅气凝胶3～9份混合、搅拌，加入水玻璃2～6份，高速分散，得到混合粉料；

（2）以质量份计，将陶瓷纤维2～7份、硅酸铝纤维1～4份、聚羧酸盐分散剂2～6份、硅溶胶3～5份混合、搅拌，加入聚氨酯胶黏剂2～5份，低速分散、陈化，得到胶黏液；陈化温度为40～60℃，陈化时间为48～72h；

（3）以质量份计，在搅拌状态下将步骤（1）所得混合粉料加至步骤（2）所得胶黏液中，再加入水性醇酸树脂2～6份、增稠剂1～5份、纤维素3～7份、氨基树脂1～4份、十一碳烯酸甘油酯2～4份，低速分散，得到料浆；

（4）以质量份计，将三聚磷酸硅2～6份加至步骤（3）所得料浆中，低速分散，研磨，即得。研磨过程在CO_2气氛中进行；还需要加入0.2～0.9质量份的卵磷脂。

原料介绍

所述的稠化剂是二聚脲或者四聚脲。

所述纤维素是甲基纤维素、乙基纤维素、丙基纤维素或丁基纤维素中的一种或两种的混合物。

所述硅酸铝纤维是先由氢氧化钠溶液浸泡，再用丙烯酸树脂改性得到。

产品应用 本品是一种水性建筑隔热保温外墙涂料。

产品特性 本品具有优异的耐洗刷性、耐沾污性、耐人工气候老化性和隔热保温性，具有良好的应用前景。

配方64 水性降噪声涂料

原料配比

原料	配比（质量份）		
	1#	2#	3#
丙烯酸树脂	10	25	40
氯乙烯共聚合树脂	10	15	20

续表

原料	配比（质量份）		
	1#	2#	3#
磷酸三丁酯	0.5	1	2
邻苯二甲酸二辛酯	0.5	1	2
乙二醇	5	7	10
云母粉	38	45	55
羧甲基纤维素	0.3	0.7	1.5
六偏磷酸钠	0.2	0.7	1.5
磷酸铵	0.3	2	3
二氧化硅细砂	4	5	6
亚硝酸钠	0.4	0.8	1.5
水	16	25	45

制备方法 将各组分原料混合均匀即可。

产品应用 本品主要用于需要降低噪声的场所。

产品特性 本品附着力强，耐冲击强度大。

配方 65 水性免罩光多彩涂料

原料配比

原料	配比（质量份）				
	1#	2#	3#	4#	5#
水	2.2	2.2	8.1	8.1	2.2
白炭黑	1.0	1.0	2	1	2
分散剂	0.5	0.5	1	0.5	1
防腐剂	0.1	0.1	0.3	0.1	0.3
硅丙乳液	55	55	57	55	57
耐水增强剂	—	0.5	1	0.5	1
彩粒	35	35	36	35	36
流平增稠剂	0.2	0.2	1	0.2	1

制备方法

（1）按配比称量水、气相白炭黑、防腐剂、分散剂，硅丙乳液、耐水增强剂，加入分散器中分散；分散器的转速为100～300r/min，分散时间20～40min。

（2）用氨水调整pH值在7～8之间。

（3）加入彩粒。

（4）用流平增稠剂调整黏度到85～95KU，即得所述的水性免罩光多彩涂料。

原料介绍

所述白炭黑为亲水气相白炭黑。

所述分散剂为聚羧酸氨盐分散剂。

所述防腐剂选自异噻唑啉酮衍生物、苯并咪唑酯类、1,2-苯并异噻唑啉-3-酮中的一种。

所述彩粒由不同彩点的彩粒漆和保护胶按6∶5质量比制成。

所述流平增稠剂为聚氨酯流平增稠剂。

所述耐水增强剂为聚乙烯醇缩甲醛。

产品应用 本品主要用于常见的水泥墙面、混凝土墙、砖石结构、石膏、石棉板及水泥聚合物腻子层、防水砂浆表面。

产品特性

（1）本产品添加了耐水增强剂聚乙烯醇缩甲醛，大大地提高了涂料的耐水性能。

（2）本产品质量稳定、易于生产、易于施工，不仅具有良好的石材装饰效果，而且储存稳定、原料易得、生产简便，免去罩光工序，耐水白性极佳、耐候性极佳。

配方66 水性纳米反射隔热透明涂料

原料配比

原料		配比（质量份）		
		1#	2#	3#
水性丙烯酸乳液	杂化交联接枝丙烯酸乳液	50	—	35
	有机硅接枝丙烯酸乳液	—	40	—
水性硅酸锂		5	15	—
多聚硅酸锂		—	—	10
水性聚氨酯乳液		15	8	5
水性纳米复合隔热分散体浆料		5	7	10
水性纳米氧化钛隔热浆料		5	7	10
润湿分散剂		12	7	2
流平剂		0.2	0.5	0.3
增稠剂		0.2	1	0.6
防霉抗菌剂		0.1	0.2	0.1
成膜助剂	丙二醇丁醚	0.5	—	—
	二丙二醇甲醚	—	2.5	—
	丙二醇丁醚	—	—	1.5
硅烷偶联剂		2	0.8	0.5
水		5	11	25

制备方法

按配方的质量比计，将水性硅酸锂滴加到水性丙烯酸乳液中，搅拌分散5~10min；再滴加水性聚氨酯乳液，搅拌分散5~10min；然后滴加预先制得的水性纳米复合隔热分散体浆料、水性纳米氧化钛隔热浆料，搅拌分散15~30min，再将配方规定量的5%~10%的水加入分散缸中，在400~600r/min下搅拌20~30min，然后加入剩下的水组分，再加入润湿分散剂、流平剂、增稠剂、防霉抗菌剂，在1000~1200r/min下加入成膜助剂、硅烷偶联剂，继续分散25~40min，测得黏度为35s±2s后过滤后出料，即得到水性纳米反射隔热透明涂料。

原料介绍

所述水性丙烯酸乳液为杂化交联接枝型、有机硅接枝型、有机氟接枝型中的至少一种。

所述水性硅酸锂为多聚硅酸锂，分子式为 $Li_2O \cdot nSiO_2$，n 为大于或等于2的正整数。

所述水性聚氨酯乳液为多元醇的聚酯型或聚醚型的一种或组合。

所述润湿分散剂为六偏磷酸钠类润湿剂。

所述流平剂选用水性丙烯酸酯共聚物、氟改性聚丙烯酸酯共聚物或聚醚改性聚硅氧烷聚合物中的一种。

所述增稠剂为非离子型聚氨酯增稠剂；所述防霉抗菌剂为二硫代水杨胶型防霉抗菌剂。

所述成膜助剂为二丙二醇丁醚或二丙二醇甲醚的一种或组合。

所述硅烷偶联剂为改性氨基硅烷偶联剂或环氧基有机硅烷偶联剂的一种或组合；所述水为去除杂质的自来水。

所述水性隔热纳米分散体浆料按照以下制备工艺制得：依次加入水、润湿分散剂，搅拌均匀，然后边搅拌边缓慢加入六硼化镧粉体、三氧化钨粉体，加完后高速分散30min；开启研磨机，进行循环研磨，研磨时间大约为6~9h，得到固含量为15%~30%、中位粒径在40~70nm的水性隔热纳米分散体浆料。

所述水性隔热保温纳米分散体按照以下制备工艺制得：依次按质量比加入组分量的水、水性润湿分散剂，搅拌均匀，边搅拌边缓慢加入二氧化钛粉体，待粉体加完后高速分散30min；开启纳米研磨机，进行循环研磨，研磨时间大约为13~15h，间隔时间取样检查，中位粒径在40~80nm之间时，停机，得到纳米分散体浆料。

产品应用 本品主要应用于玻璃幕墙、玻璃、五金钢构、水泥、内外墙等基体材质。

产品特性 本品采用多种可以对光谱具有选择性透过功能的屏蔽材料，在能透过大部分可见光而不影响采光的前提下，又能阻挡红外光、远红外光、紫外光，阻断热辐射，从而降低空调或取暖装置的能耗，达到了节能目的。透明隔热节能材料对提倡节能、满足发展高性能涂料的需要具有深远的意义。

配方 67 水性纳米改性防腐涂料

原料配比

原料	配比（质量份）		
	1#	2#	3#
水	20	25	23
润湿剂	0.8	0.8	0.7
分散剂	1.2	1.2	1.2
铁红粉末	17	17	17.5
改性石墨烯	1.8	1.9	1.85
硫酸钡	7.1	7.1	6.9
滑石粉	18	18.5	18.1
消泡剂破泡聚硅氧烷	0.7	1.0	0.8
环氧树脂	35	30	33
流平剂	0.5	0.5	0.6

制备方法

（1）在容器中加入水、润湿剂、分散剂和铁红粉末，搅拌；搅拌的转速为3000r/min，时间为15～30min。

（2）依次加入改性石墨烯、硫酸钡和滑石粉，搅拌；搅拌的转速为1000～1500r/min，时间为10～15min。

（3）加入环氧树脂，搅拌；搅拌的转速为800～1000r/min，时间为10～15min。

（4）加入消泡剂和流平剂，搅拌；搅拌的转速为200～300r/min，时间为10～20min。

原料介绍

所述润湿剂为阴离子表面活性剂。

所述阴离子表面活性剂为丁基萘磺酸盐。

所述阴离子表面活性剂为脂肪醇与环氧乙烷的缩合物。

所述分散剂包括不饱和聚羧酸和/或聚硅氧烷。

所述消泡剂为破泡聚硅氧烷。

产品应用 本品是一种主要用于建筑涂料领域的水性纳米改性防腐涂料。

产品特性

（1）本品固含量高，稳定性好，而且VOC（挥发性有机化合物）含量低，比较环保。该水性纳米改性防腐涂料固化剂成膜后，其膜层同时具有优异的防腐性能、耐候性和保色性以及极好的机械强度和附着力。另外，通过添加改性石墨烯填料，可大幅提升涂层“屏蔽”作用，对涂层防腐性能有极大的提升，并且通过对组分种类和含量的控制，能进一步提升水性纳米改性防腐涂料的防腐性、耐候性和保色性、机械强度和附着力等性能。本产品提供的水性纳米改性防腐涂料的制备方法，过程简单，便于工业化生产。

（2）在本品各组分中，硫酸钡和滑石粉在水性纳米改性防腐涂料中可以减少涂料固化时的体积收缩，提高涂层的耐磨性、黏结性，降低成本，还能使涂料具有良好的储存稳定性和耐热性。

（3）本品中使用的流平剂能有效降低涂料表面张力，提高其流平性和均匀性，同时还可改善涂料的渗透性，能减少刷涂时产生斑点和斑痕的可能性，增加覆盖性，使成膜均匀、自然。

（4）本品采用环氧树脂为基体组分，在铁红、改性石墨烯、滑石粉、硫酸钡等组分的作用下，再通过添加润湿剂、分散剂、消泡剂及流平剂，使得该水性纳米改性防腐涂料固含量高（固含量≥65%）、稳定性好，而且 VOC（挥发性有机化合物）含量低，环保。

配方 68　水性纳米改性涂料

原料配比

原料	配比（质量份）		
	1#	2#	3#
水性氟碳乳液	45	55	50
硅烷偶联剂	2	7	3
增稠剂	0.1	0.5	0.2
分散剂	0.8	1.2	0.9
流平剂	0.1	0.4	0.3
消泡剂	0.4	0.5	0.4
丙二醇	6	10	10
醇酯-12	6	9	7
滑石粉	4	16	8
钛白粉	12	20	15
云母粉	4	9	6
pH 调节剂	0.2	0.5	0.3
金红石型纳米二氧化钛	2	6	3
碳酸钙	5	8	6

制备方法

（1）将分散剂加热后溶于水中，加入丙二醇，将两者混合均匀，依次加入滑石粉、钛白粉和碳酸钙，并搅拌 30～35min，此过程为制浆；

（2）将水性氟碳乳液与醇酯-12 混合搅拌 30～35min，此过程为制料；

（3）将金红石型纳米二氧化钛、分散剂和水混合后，加入 pH 调节剂，调节 pH 值至 7～9，超声波振荡 40～45min，搅拌 30min，再加入硅烷偶联剂，搅拌 1h，得到纳米二氧化钛浆料；

（4）将步骤（1）和步骤（2）获得的浆料混合，依次加入增稠剂、流平剂、消泡剂、云母粉，在高速搅拌机下搅拌 30～35min 后，加入纳米二氧化钛浆料，再高速搅拌 30 ~ 35min 后研磨。

产品应用 本品是一种水性纳米改性涂料。

产品特性

（1）金红石型纳米二氧化钛是一种重要的无机功能材料。由于其粒径很小，比表面积大、界面原子所占比例大而具有优异的紫外屏蔽作用，可以改善涂料的抗老化性能。将纳米二氧化钛与涂料复合后，可以提高涂料的耐候性、耐人工老化等性能。此外，由于纳米粒子的粒径小，可提高涂膜的流平性，从而能够得到较薄的涂层，降低了表面张力，从而解决了涂膜的龟裂问题。

（2）水性氟碳乳液 C—F 键的键能比一般化学键的键能大，所以难破坏，比较稳定，而且氟原子在碳骨架外层排列十分紧密，有效地防止了碳原子和碳链的暴露，故氟碳化合物表现出对化学试剂卓越的化学稳定性、耐候性、耐腐蚀性、抗氧化性。因此，以氟碳化合物作为成膜物制成的涂料具有超强的耐候性、耐腐蚀性和耐老化性能，用来制作常年经受风吹、日晒、雨淋和酸雨侵蚀的外墙涂料十分适合。

（3）本产品解决了纳米二氧化钛在水分散体系中的团聚问题。本涂料表面涂膜具有平整、光滑、致密的特性。本涂料在耐候性和耐洗刷性等方面有了明显的提高，属于新一代绿色环保涂料。

配方 69 水性耐候性涂料

原料配比

原料	配比（质量份）
水	15
聚氧乙烯四氟碳醚	0.02
聚氧乙烯烷基醚	0.05
烷基苯磺酸钠	0.03
聚丙烯酸钠盐	0.5
铵盐	0.6
苯并咪唑氨基酸酯	0.3
苯并异噻唑啉酮	0.4
水杨酰苯胺	0.5
二硫化四甲基秋兰姆	0.5
丙二醇	4.5
丙二醇丁醚	4
二甲基乙醇胺	0.3
蜡粉	8.5
二氧化硅	7.8

续表

原料	配比（质量份）
聚醚改性硅氧烷	1.2
非离子型聚氨酯	0.8
消泡剂	0.5
纳米浆	0.7
钛白粉	26
颜填料	22

制备方法

（1）在搅拌容器中加入水、聚氧乙烯四氟碳醚、聚氧乙烯烷基醚、烷基苯磺酸钠、聚丙烯酸钠盐、铵盐、苯并咪唑氨基酸酯、苯并异噻唑啉酮、水杨酰苯胺、二硫化四甲基秋兰姆、丙二醇、丙二醇丁醚，以转速为650r/min下充分混合，搅拌均匀后备用；

（2）将步骤（1）所获物料搅拌中依次加入二甲基乙醇胺、蜡粉、二氧化硅、消泡剂、纳米浆、钛白粉、颜填料，转速升至1000r/min，搅拌45min，转速降至500r/min后备用；

（3）将步骤（2）所得物料搅拌中依次加入聚醚改性硅氧烷、非离子型聚氨酯，充分混合，搅拌45min，经100目尼龙网过滤后包装，即可得成品。

产品应用　本品是一种主要用于宾馆、酒店、住宅、学校、体育馆等建筑内、外墙装饰的水性耐候性涂料。

产品特性　本品具有抗菌、无毒、无味、阻燃、防水、无污染等特点，并具有耐擦洗、耐久性好、抗裂、附着力强、不脱落、耐水性强、不卷皮、抗老化、耐候性强等优点。

配方 70　水性耐沾污热反射相变隔热涂料

原料配比

原料	配比（质量份）
水	20～30
金红石型钛白粉	10～12
超细硅酸铝	5～10
远红外陶瓷粉	10～13
硅丙乳液	25～35
分散剂	2
消泡剂	1
防霉杀菌剂	0.1
增稠剂	1.5
成膜助剂	1.5

制备方法

先将颜填料加分散剂配制成颜料浆，研磨至规定细度，加入成膜乳液，中速搅拌均匀，再加入其他助剂，中速搅拌后转至低速，过筛包装。

原料介绍

所述的成膜乳液为硅丙乳液、氟碳乳液、丙烯酸乳液、亲水性丙烯酸乳液、弹性丙烯酸乳液、苯丙乳液。优先使用低表面能的硅丙乳液、氟碳乳液或亲水性丙烯酸乳液。

所述的助剂为分散剂、消泡剂、增稠剂、防霉杀菌剂、成膜助剂。

产品应用 本品主要应用于建筑外墙、油气储罐等外部设备涂饰。

产品特性

（1）本品从热反射、热能发射、热传导阻滞三个防热隔热机制多层面采取措施，取得可靠防热隔热效果。

（2）本品将相变石蜡微胶囊引入建筑保温隔热涂料，利用石蜡球体的固-液相变吸热，加强防热效果。

（3）本品的耐沾污性是通过两种方法实现的，一种是憎水型表面，另一种是亲水型表面。这可以适应不同的气候环境，并且可以有效地保证面涂反射效应的长期可靠。

（4）本品的隔热层由于加入多种中空微珠与相变微胶囊配伍，比传统的隔热涂料效果更好。

配方 71 水性膨胀防火涂料

原料配比

原料		配比（质量份）				
		1#	2#	3#	4#	5#
聚磷酸铵		17	23	19	21	20
三聚氰胺		9	13	10	12	11
季戊四醇三丙烯酸酯		8	13	10	11	10.5
醋丙乳液		10	14	11	13	12
叔碳酸乙烯酯		5	10	6	9	7.5
酚醛树脂		3	7	4	6	5
氧化镁		2	4	2.5	3.5	3
水		16	28	20	24	22
乳化硅油		0.18	0.3	0.2	0.28	0.24
有机膨润土		1.2	2	1.4	1.8	1.6
聚丙烯酸钠		1	5	2	4	3
聚羧酸钠盐		2	4	2.5	3.5	3
颜料	钛白粉	适量	—	—	适量	—
	锻白粉	—	适量	—	—	适量
	立德粉	—	—	适量	—	适量

制备方法

（1）将叔碳酸乙烯酯、酚醛树脂、氧化镁和水置于搅拌器内，搅拌 10～20min，再加入聚磷酸铵、三聚氰胺、季戊四醇三丙烯酸酯、聚丙烯酸钠和聚羧酸钠盐，继续搅拌 20～30min；搅拌速度为 100～300r/min。

（2）向步骤（1）所制产物中加入乳化硅油，快速搅拌 30～60min，然后转入球磨机内研磨分散 2～6h；快速搅拌速度为 2000～3000r/min，研磨分散 3～5h。

（3）将步骤（2）研磨后的产物置于搅拌器内，加入醋丙乳液和有机膨润土，搅拌 15～25min，转速为 500～700r/min，再加入颜料拌匀，过滤，出料，即得防火涂料。

产品应用 本品是一种水性膨胀防火涂料。

产品特性 本品组方科学，理化性质优良。防火隔热效果好、耐火性能好、导热性差、对环境友好，经济实用。

配方 72 水性墙体涂料

原料配比

原料		配比（质量份）		
		1#	2#	3#
水		50	50	50
七水硫酸镁		40	45	40
改性剂	甲基纤维素	0.5	0.5	1
	柠檬酸	0.5	0.65	1
	水玻璃	—	0.65	—
	磷酸	—	—	1
抗裂剂	碳化硅纤维	0.3	—	—
	氧化铝纤维	—	0.2	—
	聚丙烯纤维	—	—	0.3
助剂高岭土		3	4	5
助剂钛白粉		3	4	5
空心玻璃微珠		6	6	8
氧化镁（活性氧化镁占 85%，粒度 1000 目）		100	100	100

制备方法 将各组分辅料混合，得到水性墙体涂料。

原料介绍

所述氧化镁的粒度优选为 800～2000 目；所述氧化镁中，活性氧化镁的含量优选为 85% 以上。

所述硫酸镁优选为无水硫酸镁和七水硫酸镁中的一种或几种。

所述改性剂优选为甲基纤维素、柠檬酸、磷酸和水玻璃中的一种或几种。

所述抗裂剂优选为碳化硅纤维、氧化铝纤维和聚丙烯纤维中的一种或几种。

所述助剂优选为高岭土、钛白粉、石英砂、碳酸钙和硫酸钡中的一种或几种，更优选为高岭土和钛白粉。

所述功能填料优选为空心玻璃微珠、空心陶瓷微珠和纳米陶瓷粉中的一种或几种。

产品应用 本品是一种水性墙体涂料。

产品特性 本品将氧化镁和硫酸镁作为成膜物质，使得到的涂料中不需要添加有机物质即可得到强度较好、防水性能好的涂料，且对墙体的附着力也较好，涂料的硬度达到3H，附着力为1级，且防水性能为吸水率小于6%。

配方73 水性羟基聚氨酯树脂的玻璃隔热涂料

原料配比

原料		配比（质量份）						
		1#	2#	3#	4#	5#	6#	7#
亲水型端羟基聚酯	间苯二甲酸-5-磺酸钠	10.600	12.630	—	—	—	—	12.630
	二羟甲基丙酸	—	—	13.250	—	13.250	—	—
	二羟甲基丁酸	—	—	—	14.340	—	14.340	—
	己二酸	35.157	—	—	—	—	—	—
	苯酐	—	—	—	35.627	—	35.627	—
	间苯二甲酸	—	48.147	28.157	—	28.157	—	48.147
	对苯二甲酸	—	—	—	31.247	—	31.247	—
	1,4-丁二醇	—	29.247	—	—	—	—	29.247
	新戊二醇	29.274	—	—	20.900	—	20.900	—
	乙二醇	—	11.634	25.634	21.928	25.634	21.928	11.634
	1,4-环己烷二甲醇	—	—	24.300	—	24.300	—	—
	2-乙基-2-丁基-1,3-丙二醇	11.844	—	—	—	—	—	—
水性羟基聚氨酯分散体	亲水型端羟基聚酯	60.000	21.150	28.356	27.590	28.356	27.590	21.150
	1,4-环己烷二甲醇	—	—	4.258	—	4.258	—	—
	乙二醇	—	—		6.265	—	6.265	—
	三羟甲基丙烷	—	—	—	4.825	—	4.825	—
	2-乙基-2-丁基-1,3-丙二醇	—	8.247	—	—	—	—	8.247

续表

原料		配比（质量份）						
		1#	2#	3#	4#	5#	6#	7#
水性羟基聚氨酯分散体	N-甲基吡咯烷酮	—	5.000	10.000	10.000	10.000	10.000	5.000
	异佛尔酮二异氰酸酯	—	—	16.843	—	16.843	—	—
	六亚甲基二异氰酸酯	—	12.934	—	15.984	—	15.984	12.934
	二月桂酸二丁基锡	—	0.050	0.060	—	0.060	—	0.050
	辛酸亚锡	—	—	—	0.060	—	0.060	—
	三羟甲基丙烷	—	3.244	3.944	—	3.944	—	3.244
水性玻璃隔热涂料	水性羟基聚氨酯分散体	60.000	50.000	55.000	65.000	15.000	50.000	76.000
	纳米氧化锡锑溶液	30.000	—	20.000	—	30.000	—	—
	纳米氧化铟锡溶液	—	45.000	20.000	—	30.000	—	20.000
	纳米氧化铝锌	—	—	—	28.000	—	40.000	—
	硅烷偶联剂	0.600	1.200	0.800	0.750	3.000	3.000	0.500
	水性消泡剂	0.250	0.300	0.150	0.360	1.000	1.000	0.200
	水性增稠剂	0.300	0.250	0.200	0.240	1.000	1.000	0.200
	DeuRheo WT-201	0.400	0.300	0.350	0.400	1.000	1.000	—
	中和剂	0.250	0.270	0.280	0.150	1.000	1.000	0.100
	水性固化剂	12.010	11.481	5.679	9.218	18.000	3.000	3.000

制备方法

（1）在氮气的保护下将二元醇，二元酸，亲水性单体，溶剂二甲苯加入装有温度计、冷凝管、分水器、带有搅拌的四口反应器中，在200℃下保温反应2h后，降温至100℃左右，真空脱出二甲苯，降温至50℃出料，即得亲水型端羟基聚酯，羟值控制在56～112mgKOH/g树脂，分子量控制在500～2500。

（2）将亲水型端羟基聚酯，小分子二元醇加入装有搅拌器、滴液漏斗、温度计、冷凝管的反应器中，通过氮气保护，加入溶剂N-甲基吡咯烷酮，开始滴加二异氰酸酯，1h滴加完毕，加入催化剂，继续保温反应，在快速搅拌的状态下滴加水，强力分散1h，即得半透明状水性羟基聚氨酯分散体。

（3）按质量份数取水性羟基聚氨酯分散体15～76份于容器中，缓慢加入纳米浆料20～60份，在高速分散机中搅拌均匀，依次加入硅烷偶联剂0.50～3.0份，水性助剂 0.5 ~4.0 份，然后滴加水性固化剂 3 ~18 份，分散后，即得水性玻璃隔热涂料。

原料介绍

所述的水性羟基聚氨酯的平均分子量为 2000 ~8000；所述的纳米浆料为纳米氧化铟锡溶液、纳米氧化锡锑溶液、纳米氧化铝锌溶液、纳米氧化锌镓溶液中的一种或两种，纳米浆料的固含量为 10% ~50%，优选纳米氧化铟锡（ITO）溶液、纳米氧化锡锑（ATO）溶液或其混合物。

所述的水性助剂包括：水性消泡剂、水性增稠剂、中和剂等。其中水性消泡剂包括以下几种：低级醇和酯类、有机极性化合物类、矿物油类和有机硅类，优先选用有机硅类消泡剂；水性增稠剂包括以下几种：纤维素类、丙烯酸碱溶胀类、聚氨酯缔合型类，优先选用丙烯酸碱溶胀型和聚氨酯缔合型增稠剂，或其两者搭配使用；中和剂包括以下几种：氨水、三乙胺、二甲基乙醇胺、2 -氨基-2 -甲基-1 -丙醇等。优先选用二甲基乙醇胺和 2 -氨基-2 -甲基-1 -丙醇，或其两者的混合物。

所述的硅烷偶联剂为：氨丙基三乙氧基硅烷、氨乙基氨丙基三甲氧基硅烷、3 -缩水甘油基丙基三甲氧基硅烷、甲基丙基酰氧基丙基三甲氧基硅烷、3 -甘油羟丙基-3 -甲基硅烷、氟化烷基三甲氧基硅烷、乙烯基苯基氨基乙基氨基丙基三甲氧基硅烷，优先采用氨丙基三乙氧基硅烷或 3 -缩水甘油基丙基三甲氧基硅烷。

所述的水性固化剂为基于六亚甲基二异氰酸酯的亲水性脂肪族聚异氰酸酯。

产品应用 本品主要应用于玻璃的隔热功能上。

产品特性 本品具有高透光性、高隔热性，同时耐水性好，涂膜在玻璃上附着力强，不容易脱落。

配方 74 水性疏水型纳米树脂玻璃隔热涂料

原料配比

原料		配比（质量份）					
		1#	2#	3#	4#	5#	6#
疏水型纳米树脂		80.00	75.00	85.00	75.00	80.00	80.00
水性增稠剂	TEGO -3000	—	—	0.40	—	—	—
	TEGO -3100	—	—	—	0.30	—	—
	WT -105A	0.45	—	—	—	—	—
	WT -102	—	—	—	—	—	0.30
	WT - 204	—	—	—	—	0.35	—
	WT - 201	—	0.35	—	—	—	—
中和剂	DMAE	—	—	—	—	0.40	—
	MA - 95	—	0.4	—	—	—	—
	AMP - 95	0.30	—	0.25	0.30	—	0.40

续表

原料		配比（质量份）					
		1#	2#	3#	4#	5#	6#
水性消泡剂	W-098	—	0.30	—	—	—	—
	BYK-024	—	—	—	—	0.25	—
	TEGO-902W	—	—	0.30	—	—	—
	TEGO-805	—	—	—	0.25	—	—
	BYK-034	—	—	—	—	—	0.35
	W-090	0.50	—	—	—	—	—
水		加至100	加至100	加至100	加至100	加至100	加至100

制备方法

取疏水型纳米树脂于容器中，依次加入水性消泡剂、水性增稠剂、中和剂。将其放入高速分散机中分散，转速为650~1200r/min左右，分散20min，即得水性疏水型纳米树脂玻璃隔热涂料。

其中疏水型纳米树脂的合成方法：配方为乙烯基纳米氧化物溶液10%~40%、乳化剂0.5%~4.0%、丙烯酸酯单体30%~60%、氟（硅）丙烯酸酯单体5%~30%、乙烯基硅氧烷3%~12%、引发剂0.1%~4%、中和剂0.5%~2%、水5%~30%。在装有搅拌器、温度计、冷凝管的四口烧瓶中加入底料（水、纳米氧化物溶液、乳化剂及缓冲剂），搅拌升温至60℃，加入5%~25%的氟（硅）丙烯酸酯类混合单体，分散5min左右，升温至80℃，再加入10%~30%的引发剂溶液，制备种子，保温反应，反应瓶内无明显回流后开始滴加剩余的混合单体及引发剂溶液，控制滴加速度在2~4h内滴完；保温反应0.5~1h，冷却至室温，并用中和剂调整pH值到8左右，过滤出料，即得疏水型纳米树脂（固含量为40%~55%）。

产品应用 本品广泛应用于玻璃基材上的隔热，是一种玻璃隔热涂料。

产品特性 本品在制备疏水型玻璃隔热涂料的过程中，从化学接枝的角度出发，首先制备了含有乙烯基的纳米氧化物，然后利用该纳米氧化物与氟（硅）丙烯酸酯类单体自由基共聚，合成了一种疏水型的纳米树脂，利用该树脂制备了疏水型玻璃隔热涂料。市面上传统的水性玻璃隔热涂料通常选用自交联型水性聚氨酯树脂与纳米浆料物理混合，稳定性不够好，且耐沾污性能得不到有效的改善。本品在保证玻璃隔热涂料隔热性的同时，对纳米氧化物进行了接枝处理，将无机材料与有机材料通过化学键很好地连接在一起，从而解决了无机纳米材料在有机相中的团聚、沉淀等缺陷，实现了无机材料与有机材料在纳米级别上的复合，同时选用了氟（硅）丙烯酸酯对其进行了改性，进一步提高了玻璃隔热涂料的耐沾污和耐老化性能。该玻璃隔热涂料综合性能优异，隔热性、耐沾污、耐老化性能突出。

配方 75 水性太阳热反射隔热涂料

原料配比

原料	配比（质量份）			
	1#	2#	3#	4#
Hydropalat100 分散剂	5	—	—	—
5027 分散剂	—	10	7	7
乙二醇防冻剂	30	—	—	—
丙二醇防冻剂	—	8	—	—
Nordes C15 杀菌防腐剂	1	—	—	—
道维希尔-75 防腐剂	—	3	—	—
FoamStar A34 消泡剂	4	—	—	—
NXZ 消泡剂	—	1	3	3
	—	3	2	2
2-氨基-2-甲基-1-丙醇 pH 调节剂	0.5	3	2	2
水	300	100	200	200
二氧化钛	200	100	150	150
空心陶瓷微珠隔热填料	100	200	—	—
有机硅改性丙烯酸树脂基料	400	—	—	—
丙烯酸树脂基料	—	200	—	—
TTEXNOL 成膜助剂	5	—	—	—
Filmer C40 成膜助剂	—	20	8	8
磷酸三丁酯消泡剂	1	—	—	—
聚氨酯缔合型增稠剂	10	—	—	—
按质量比 2∶1 的丙烯酸酯类与聚氨酯缔合型混合增稠剂	—	2	—	—
按质量比 2∶1 的丙二醇与乙二醇混合防冻剂	—	—	15	—
按质量比 1∶1 的道维希尔-75 与防霉剂混合防腐剂	—	—	2	2
按质量比 8∶1 的空心玻璃微珠与纳米氧化铟锡混合隔热填料	—	—	180	180
按质量比 1∶1 的丙烯酸树脂与有机硅改性丙烯酸树脂混合基料	—	—	—	300
按质量比 1.5∶1 的丙烯酸酯类与聚氨酯缔合型混合增稠剂	—	—	300	6

制备方法

（1）将分散剂、防腐剂、消泡剂、防冻剂、pH 调节剂与水混合，搅拌得到混合溶液；

（2）将二氧化钛、隔热填料加入混合溶液中，经研磨得到混合浆料；

（3）将基料、成膜助剂、消泡剂加入混合浆料中，再用增稠剂调整混合浆料黏度，然后过滤得到所述的水性太阳热反射隔热涂料。

产品应用 本品主要用作水性太阳热反射隔热涂料。

产品特性 本品耐候性、耐沾污、太阳反射比及半球发射率性能优越，健康环保、节能降耗，其制备方法工艺简单，适合工业化生产，节约了能耗，降低了成本。

配方 76 水性透明隔热涂料

原料配比

原料		配比（质量份）				
		1#	2#	3#	4#	5#
水性丙烯酸树脂		27	68	63.5	60.5	57
纳米浆料	二氧化硅/氧化锡纳米复合粉体	20	—	—	—	—
	二氧化硅/氧化锡纳米复合粉体：氧化锡锑纳米分散体=1∶2	—	25	30	—	—
	二氧化硅/氧化锡纳米复合粉体：氧化锡锑纳米分散体=1∶3	—	—	—	35	40
溶剂		7	6	5	3	1
助剂		1	1	1.5	1.5	2

制备方法

（1）将纳米浆料、溶剂、助剂加入水性丙烯酸树脂中；

（2）搅拌15~60min，然后超声分散15~30min，得到水性透明隔热涂料；

（3）为使各组分充分混合均匀，采用高速搅拌，搅拌速度为1000~1500r/min。

原料介绍

所述水性丙烯酸树脂在涂料中作为主体树脂，具有实现涂料的硬度、附着力、耐酸碱性等物理性能的作用，可以采用单组分室温固化聚氨酯改性水性丙烯酸树脂，其固含量为35%~50%。

所述的纳米浆料在涂料中作为功能性填料，主要实现隔热作用，可以采用二氧化硅/氧化锡纳米复合粉体或氧化锡锑纳米分散体的一种或它们的组合，其固含量为15%~30%。

所述溶剂为水和有机溶剂的混合溶液，其质量比为有机溶剂：水=1∶1；所述有机溶剂为乙醇或丙酮。

所述助剂包括消泡剂、分散剂、流平剂、增稠剂、防腐剂或成膜助剂中的一种或几种。具体的组成质量比可以为消泡剂：分散剂：流平剂：增稠剂 =1.5：1.5：1：1。

产品应用 本品主要用作建筑玻璃、汽车玻璃及透明遮光板进行隔热处理的水性透明隔热涂料。

产品特性 本品可见光透过率高，且隔热效果好。室温快速固化，施工简单方便，生产工艺简单，生产成本低，易于大规模推广和应用。

配方 77 水性纤维涂料

原料配比

原料	配比（质量份）
丙烯酸乳液	23
硅酸铝纤维	15
纤维素聚合物	22
纳米活性炭	7
甲醛吸收剂	8
增稠剂	20
水	50

制备方法

（1）将丙烯酸乳液加入搅拌缸中，加入硅酸铝纤维、纤维素聚合物，搅拌均匀；

（2）向搅拌缸均匀加入纳米活性炭，高速搅拌分散；

（3）均匀加入甲醛吸收剂、增稠剂，搅拌均匀；

（4）倒入所需质量份的水，加热 20min；

（5）过滤，滤液静置，即可。

产品应用 本品是一种主要用于各种建筑表面的水性纤维涂料。

产品特性 本品不含钴、铅，单独使用，有漆色浅、质量佳、耐低温、抗高湿等特点；涂于各种建筑表面，干燥迅速、不流挂、不起泡，漆膜平整，具有优异的理化性能，对建筑材质起到很好的保护、装饰作用。

配方 78 水性哑光涂料

原料配比

原料	配比（质量份）				
	1#	2#	3#	4#	5#
聚氨酯	40	48	42	46	44
多乙烯多胺	15	23	17	21	19
聚丙烯酸	8	16	10	14	12
过氧化二异丙苯	10	20	12	18	15
三聚氰酸三烯丙酯	3	10	5	8	6

制备方法

(1) 将多乙烯多胺与水混合，制得质量分数为25%～30%的多乙烯多胺溶液；将聚丙烯酸与水混合制得质量分数为10%～20%的聚丙烯酸溶液；将过氧化二异丙苯与无水乙醇混合，制得质量分数为10%～20%的过氧化二异丙苯溶液；将聚氨酯超微粉碎，过400目筛，制得聚氨酯粉末。

(2) 将聚氨酯粉末与多乙烯多胺溶液混合搅拌20～30min；然后加入过氧化二异丙苯溶液，升温至65～70℃，并在该温度下加热搅拌处理40～50min；再加入三聚氰酸三烯丙酯，然后升温至85～90℃，并在该温度下加热搅拌处理20～30min；再加入聚丙烯酸溶液，并在100℃下搅拌处理45～60min，降至室温，即得水性哑光涂料。

产品应用 本品主要用作建筑材料技术领域的一种水性哑光涂料。

产品特性 本品在各原料及制备方法的共同作用下，制得的涂料表面致密、硬度好，能够提供良好的表面效果。本品具有良好的物理化学性能，清洁环保，还具有哑光的效果。本品制备过程简单、易操作、成本低，储存稳定性佳、相容性好，适于工业化生产。

配方 79 水性阴离子氨酯油改性沥青防水涂料

原料配比

原料		配比（质量份）					
		1#	2#	3#	4#	5#	6#
基质沥青	70#重交沥青	37	32	—	34	—	33
	90#重交沥青	—	—	35	—	—	—
	100号道路沥青	—	—	—	—	33	—
氨酯油	亚麻油型氨酯油	10	—	11	12	14	—
	桐油型氨酯油	—	15	—	—	—	12
乳化剂ZH		2	2	2	1.9	2	2.1
增稠剂	羧乙基纤维素钠	0.3	—	—	—	—	—
	聚乙烯醇	—	0.3	—	—	—	0.3
	羧甲基纤维素钠	—	—	0.35	—	0.3	—
	羟丙基甲基纤维素	—	—	—	0.3	—	—
无机填充剂	微细滑石粉	12	—	—	12	13	—
	重质碳酸钙	—	10	—	—	—	14
	云母粉	—	—	12	—	—	—
pH调节剂	NaOH	0.5	—		0.4	0.4	—
	氢氧化钾	—	—	0.4	—	—	—
	模数为2～3的偏硅酸钠	—	0.5	—	—	—	0.5
水		加至100	加至100	加至100	加至100	加至100	加至100

制备方法

（1）制备氨酯油改性沥青：将基质沥青加热到170～180℃，然后加入氨酯油，搅拌均匀后，经机械研磨后，搅拌1h，备用。

（2）将阴离子沥青乳化剂加入50～55℃水中搅拌溶解，加入pH调节剂，调节pH值=11～12，得阴离子沥青乳化剂溶液，备用。

（3）温度为120～150℃的氨酯油改性沥青和阴离子沥青乳化剂溶液在乳化设备温度50℃、压力0.2MPa下混合研磨，充分乳化，得到氨酯油改性乳化沥青。

（4）将增稠剂溶解于水中，并加入无机填充剂，充分搅拌，使增稠剂和无机填充剂充分溶解于水中，得增稠混合物；在增稠混合物中再加入少量上述阴离子沥青乳化剂，防止后续混合过程中的破乳现象。

（5）待氨酯油改性乳化沥青冷却到70℃以下后，搅拌条件下，缓慢加入步骤（4）中制备的无机填充剂和增稠剂的增稠混合物，搅拌均匀后，出料。

原料介绍

所述基质沥青为70#重交沥青、90#重交沥青、100号道路沥青中的一种。

所述氨酯油为桐油、亚麻油制备的干性氨酯油，即桐油型氨酯油、亚麻油型氨酯油；氨酯油中NCO/OH摩尔比值为0.88～0.98。

所述阴离子沥青乳化剂包括：羧酸盐型、磺酸盐型、磷酸酯盐型或硫酸盐型阴离子乳化剂的一种或多种的组合，优选为磺酸盐型和羧酸盐型乳化剂的组合（乳化剂ZH）。

所述的磺酸盐型乳化剂为十二烷基苯磺酸钠，所述的羧酸盐型乳化剂为硬脂酸钠或油酸钠；所述磺酸盐型乳化剂和羧酸盐型乳化剂的组合中，磺酸盐型乳化剂的质量配比为30%～70%。

所述增稠剂包括：纤维素醚、聚乙烯醇、聚丙烯酸钠、羧甲基纤维素钠、羧乙基纤维素钠及羟丙基甲基纤维素。

所述无机填充剂是不与乳化沥青反应的惰性无机填充材料的一种或多种，粒径小于325目，包括轻钙、重质碳酸钙、滑石粉、绢云母粉、云母粉、微细滑石粉中的一种或多种组合。

所述pH调节剂包括氢氧化钠、氢氧化钾、碳酸钠、硅酸钠、偏硅酸钠的一种或多种的组合，优选为氢氧化钠或模数为2～3的偏硅酸钠。

产品应用 本品主要应用于建筑物屋顶、卫生间、阳台、厨房及地下室防水。

产品特性

（1）本品使用氨酯油改性沥青来制备水性阴离子氨酯油改性沥青防水涂料，所使用的氨酯油价格很低，因此产品成本低，更适宜于工业化生产及产品市场化推广。

（2）本品为水乳型防水涂料，较油性防水涂料环保。

（3）本品性质稳定、储存期长，具有固含量高，表干和实干时间短、性价比高、延展率好、拉伸强度大、不回黏、二次施工方便等优点；制备方法简单，设备性能要求低，产品黏度可调，特别适合大面积机械施工。

配方 80 水性云锦涂料

原料配比

原料	配比（质量份）
聚乙烯醇	1
水	7
滑石粉	0.5
轻质碳酸钙	0.3
重质碳酸钙	0.2
成膜助剂	0.8
磷酸三丁酯	0.03
色浆	适量

制备方法

(1) 在反应釜中加入水、聚乙烯醇，充分混合，搅拌均匀，加热15min，过滤后备用；

(2) 将步骤 (1) 所获物料中依次加入成膜助剂、轻质碳酸钙、重质碳酸钙、滑石粉、磷酸三丁酯、色浆，高速搅拌10min，经砂磨机研磨，检验合格后即可得成品。

产品应用 本品是一种主要用于宾馆、酒店、写字楼、美容院、商铺、公寓等建筑墙体装饰的水性云锦涂料。

产品特性 本品具有无毒、无味、阻燃、无污染、施工方便、附着力强、抗老化等特点，并具有耐擦洗、光洁度好、耐久性好、耐水性强、光泽柔和、花纹清晰、表面强度好等优点。

配方 81 外墙水性涂料

原料配比

原料	配比（质量份）
丁苯橡胶乳液	0.29
聚酰胺	0.06
高岭土粉	0.13
流平剂	0.07
木质纤维素	0.12
磷酸镁	0.09
聚硅氧烷	0.22
玻璃纤维	0.07
硅酸铝纤维	0.05
羟基化纤维树脂	0.15
聚醚砜树脂	0.13

续表

原料	配比（质量份）
聚山梨酯	0.12
六偏磷酸钠	0.01
有机硅乳液	0.17
环氧基硅烷改性硅溶胶	0.11
交联聚乙烯	0.14
过氧化苯甲酸丁酯	0.26
硅酸钠	0.16
磷酸三聚氰胺	0.15
季戊四醇	0.16
二氧化硅	0.19
杀菌防腐剂	0.23
成膜助剂	0.08
水性聚氨酯树脂	0.04
丙烯酸酯	0.03
桐油	0.14
聚乙烯醇	0.16
轻质碳酸钙	0.55
滑石粉	0.34
石膏粉	0.47
二氧化钛	0.23
氟树脂	0.04
水性环氧改性树脂	0.34
水	加至100

制备方法

（1）将各成分原料按预定的质量比混合并搅拌，同时加热至80～95℃，控制搅拌机转速为800～1000r/min，混合时间为40～45min；

（2）将消泡剂、成膜助剂和pH调节剂依次加入步骤（1）得到的混合物中，将混合物pH值调节为7.5～8.9；

（3）将步骤（2）得到的混合物进行高速研磨，高速研磨时间为5～10min；

（4）过滤，得到外墙水性涂料。

原料介绍

所述杀菌防腐剂为5-氯-2-甲苯-4-异噻唑啉-3-酮。

所述成膜助剂为丙二醇、丙二醇甲醚、丙二醇甲醚乙酸酯、醇酯-12中的至少2种的组合。

所述高岭土粉的细度优选为2000～3500目。

所述滑石粉的细度优选为1500～2000目。

所述石膏粉的细度优选为3500～4000目。

产品应用 本品主要用作外墙水性涂料。

产品特性

(1) 本品具有耐高温、耐腐蚀的性能，适应各种场合的涂覆需求；

(2) 本品不含有毒有机溶剂，无污染；

(3) 漆面不会开裂，成膜后的漆膜用手搓也不会裂开；

(4) 本品抗老化、附着力强；

(5) 由于加入了硅酸钠、磷酸三聚氰胺、二氧化硅等成分，使得水性涂料的隔热性能更好；

(6) 有机硅乳液和环氧基硅烷改性硅溶胶相互作用，改善了涂料的性能，进一步提高漆膜的附着力、耐热性和强度，使该外墙水性涂料的漆膜的附着力强，冲击强度好，耐热性佳；

(7) 本品添加了增稠剂和木质纤维素，有效提高了涂料的柔韧性和成膜能力，添加高岭土以及滑石粉，提高了涂料表面细度。此外，还具有施工工期短等显著的优点。

配方 82 微胶囊化水性防火涂料

原料配比

原料		配比（质量份）		
		1#	2#	3#
环氧改性水性聚氨酯乳液		25	30	35
三聚氰胺甲醛树脂微胶囊化多聚磷酸铵		40	35	30
聚氨酯微胶囊化碳酸钙		20	20	15
羟乙基纤维素		1	0.5	1
分散剂		1	0.5	1
消泡剂		1	0.5	1
防霉剂		2	1	2
正辛醇		1	0.5	1
水		9	12	14
环氧改性水性聚氨酯乳液	聚乙二醇（分子量为1000）	30	30	30
	甲苯-2,4-二异氰酸酯	8.352	10.44	13.572
	二月桂酸二丁基锡	0.19	0.12	0.16
	二羟甲基丙酸	1.16	2.022	3.05
	环氧树脂	1.54	2.426	4.36
	丙酮	43（体积）	54（体积）	76（体积）
	三乙醇胺	0.78	1.524	2.53
	水	78（体积）	71（体积）	80（体积）
	小分子扩链剂乙二胺	0.561	0.567	0.904

续表

原料		配比（质量份）		
		1#	2#	3#
三聚氰胺甲醛树脂微胶囊化多聚磷酸铵	三聚氰胺	3.15	3.15	3.15
	甲醛	0.75	2.25	3
	水	30（体积）	30（体积）	30（体积）
	多聚磷酸铵	4.725	3.15	2.1
	乙醇	40（体积）	40（体积）	40（体积）
聚氨酯微胶囊化碳酸钙	季戊四醇	1.36	1.36	1.36
	二甲基亚砜	40（体积）	40（体积）	40（体积）
	甲苯-2,4-二异氰酸酯	3.48	1.74	1.74
	1,4-二氧六环	80（体积）	80（体积）	80（体积）
	碳酸钙	6.8	4.08	2.72
	1,4-二氧六环	80（体积）	80（体积）	80（体积）
	OP-10（乳化剂）	0.2	0.3	0.4

制备方法

将环氧改性水性聚氨酯乳液、三聚氰胺甲醛树脂微胶囊化多聚磷酸铵、聚氨酯微胶囊化无机物微粒、羟乙基纤维素、分散剂、消泡剂、防霉剂、正辛醇和水搅拌分散均匀，即得所述微胶囊化水性防火涂料。

原料介绍

所述环氧改性水性聚氨酯乳液的制备方法包括以下步骤：在设置有搅拌器、温度计和搅拌桨的反应容器中加入多元醇，加热至110～120℃，抽真空减压脱水1～2h；然后降温至30～40℃，在干燥的氮气保护下，加入多异氰酸酯，并滴加催化剂，升温至60～80℃，反应1～2h；加入亲水扩链剂和交联剂，继续保温3～6h；反应过程中用丙酮调节黏度；然后降温至30～40℃，加入中和剂中和（中和度为0.9～1.1，为中和剂与亲水扩链剂物质的量之比），然后在大于1000r/min的搅拌速度下，加水进行乳化5～10min，同时加入小分子扩链剂扩链30～60min，最后减压蒸馏去除丙酮，即得所述环氧改性水性聚氨酯乳液。

所述多异氰酸酯引入的—NCO基团与多元醇引入的—OH基团的摩尔比为(1.6～2.6)∶1；催化剂为多异氰酸酯和多元醇总质量的0.1%～0.5%；亲水扩链剂为多异氰酸酯和多元醇总质量的3%～7%；交联剂为多异氰酸酯和多元醇的总质量的4%～10%。

所述多异氰酸酯引入的—NCO基团与整个反应步骤中引入的—OH基团的摩尔比为（1～1.15）∶1，其中整个反应步骤中引入的—OH基团为多元醇、亲水扩链剂和小分子扩链剂中引入的—OH基团总量。

所述环氧改性水性聚氨酯乳液的固含量为35%～40%。

所述多元醇为聚醚二醇、聚乙二醇、聚丙二醇、聚酯二醇、聚己二酸-1,4-丁二醇酯二醇、聚碳酸酯二醇等中的一种或几种。

所述多异氰酸酯为甲苯二异氰酸酯、二苯基甲烷二异氰酸酯、异佛尔酮二异氰酸酯、六亚甲基二异氰酸酯、三甲基己烷二异氰酸酯、二聚酸二异氰酸酯等中的一种或几种。

所述小分子扩链剂为丁二醇、乙二醇、一缩二乙二醇、乙二胺等中的一种或几种。

所述亲水扩链剂为二羟甲基丙酸或二羟甲基丁酸等。

所述中和剂为三乙醇胺、氢氧化钠、氨水等中的一种或几种。

所述催化剂为二月桂酸二丁基锡或辛酸亚锡等。

所述交联剂为蓖麻油或环氧树脂等。

所述三聚氰胺甲醛树脂微胶囊化多聚磷酸铵的制备方法如下：将三聚氰胺、甲醛和水加入烧杯中搅拌，并用质量分数为3% ~5%的碳酸钠溶液调节pH值至8~9，倒入反应容器中搅拌，升温至70~80℃，搅拌速率为300~400r/min，反应20~30min后即制得预聚液；将多聚磷酸铵加入烧杯中，加入乙醇，搅拌分散均匀，得多聚磷酸铵悬浮液；然后将预聚液加入多聚磷酸铵悬浮液中，用稀盐酸调节pH值至4.5~6，然后升温至80~85℃，以500~600r/min的速率搅拌反应1.5~2h，进行抽滤、洗涤、干燥，即得三聚氰胺甲醛树脂微胶囊化多聚磷酸铵。

所述三聚氰胺与多聚磷酸铵的质量比为（2∶3）~（3∶2）；三聚氰胺与甲醛的摩尔比为1∶(1~4)。

所述聚氨酯微胶囊化无机物微粒的制备步骤如下：将季戊四醇和二甲基亚砜以1∶(3~7)的质量比混合、搅拌升温至35~45℃，待季戊四醇完全溶解后，加入甲苯-2,4-二异氰酸酯和1,4-二氧六环，恒温搅拌15~25min，然后加入无机物微粒、1,4-二氧六环和乳化剂，然后升温到60~80℃，反应6~10h，冷却到室温，过滤、水洗并干燥。

所述无机物微粒为碳酸钙、鸡蛋壳粉、二氧化钛、二氧化硅、可膨胀石墨、石墨烯、氢氧化镁中的一种或几种；所述季戊四醇与甲苯-2,4-二异氰酸酯的摩尔比为1∶(1~2)；季戊四醇与无机物微粒的质量比为1∶(2~5)；季戊四醇和二甲基亚砜的质量比为1∶(3~7)；甲苯-2,4-二异氰酸酯与1,4-二氧六环的质量比为1∶(3~7)；无机物微粒、1,4-二氧六环和乳化剂的质量比为1∶(3~7)∶(0.05~0.1)。

所述防霉剂为环保型防霉剂DE；分散剂为润湿分散剂5040。

所述消泡剂为消泡剂470。

产品应用 本品是一种微胶囊化水性防火涂料。

产品特性

(1) 本品将碳源和气源的树脂化与酸源和阻燃剂的微胶囊化相结合代替传统的P-C-N膨胀防火体系：以聚氨酯树脂代替常用的季戊四醇作为碳源，以三聚氰胺树脂代替三聚氰胺作为气源，极大地改善了膨胀防火填料亲水迁移的问题，并增加了其与高分子成膜物的相容性；分别将这两种树脂作为壳层材料，以酸源多聚磷酸铵和其他的防火填料（无机物微粒）为核层物质制备微胶囊，不仅提高了填料与成膜物的相容性，而且杜绝了填料与钢基材接触的机会，从而杜绝其对钢的腐蚀，大大增加了该防火涂料的耐久性；同时，无机填料的微胶囊化可以极大提升材料的力学性能，减少涂料在长时间的使用过程中，震动及刮蹭等对涂料性能的影响；另外，使用水性环氧改性聚氨酯乳液作为成膜物，可有效改善其与钢材的附着力，并增强其防腐蚀能力和防水能力。

（2）通过对碳源和气源进行树脂化，减少了阻燃剂总的添加量，减小因过多添加阻燃剂对所得涂料的物理损伤。

（3）通过对多聚磷酸铵（APP）进行微胶囊化处理，降低了亲水性阻燃剂的吸湿性和水溶性，并阻碍了APP的迁移，使所得涂料的耐久性增加；另外，对无机填料的微胶囊化，可增强无机填料与高分子材料的相容性，改善其易团聚、易迁移等缺点，提高所得阻燃复合材料的力学性能；同时，填料和多聚磷酸铵的微胶囊处理隔绝了盐类与钢基材的接触，减少了钢结构的腐蚀现象。

（4）环氧改性水性聚氨酯乳液作为成膜物，与微胶囊的壳层材料具有良好的相容性，使成膜物与微胶囊化填料的配伍性好，从而提高该涂料的附着力、防水性和耐老化等性能。

（5）本品绿色环保，并可利用鸡蛋壳粉等废弃物作为原料，具有重要的经济和环境效益。

配方 83　高效水性涂料

原料配比

原料	配比（质量份）		
	1#	2#	3#
水溶性环氧树脂	10	15	20
乙二酸	5	7	10
钛白粉	6	9	12
碳酸钙	10	15	20
高岭土	5	6	8
二氧化硅粉	8	9	10
水	30	35	40

制备方法　将各组分原料混合均匀即可。

产品应用　本品是一种高效水性涂料。

产品特性　本品涂层附着力强，减少了清洗溶剂的消耗，耐腐蚀性强，防护性能好；能够避免产生墙面开裂、脱落现象。本品具有防水性能好、耐热性能好、节能环保、污染少等优点，且生产成本低、使用寿命长。

配方 84　蓄热水性聚氨酯涂料

原料配比

原料	配比（质量份）					
	1#	2#	3#	4#	5#	6#
水性聚氨酯分散体	100	100	100	100	100	100
非离子型润湿分散剂	0.5	0.7	0.9	0.6	0.8	1
水	40	32	35	36	39	30
二甲基己炔醇	1.2	1	1.5	1.4	1.1	1.3
丙烯酸酯型流平剂	0.5	0.6	0.1	0.2	0.4	0.3
丙二醇丙醚	3.5	4	4.8	3	5	4.5
丙烯酸-木素接枝物	11	13	12	15	10	14
水性多异氰酸酯	3	2.5	4	2	3.5	2.8

制备方法

(1) 将松子壳用粉碎机粉碎，过 60 目筛，用环己烷抽提 40h，烘干后在球磨罐中以 200r/min 的转速研磨 48h，得到松子壳粉；将松子壳粉用羧甲基纤维素酶 40℃下水解 40h，离心分离后用水冲洗，冷干后得到酶解木素。

(2) 将步骤 (1) 得到的酶解木素加入柠檬酸溶液中，通氮气保护下回流，抽提 3h，过滤后，滤渣用柠檬酸溶液洗涤，滤液中和后旋蒸浓缩，静置 1 天后离心分离，用环己烷洗涤后，室温下真空干燥，得到木素。

(3) 将步骤 (2) 得到的木素放入等离子体处理室中，空气氛围、真空度为 10Pa、放电功率为 350W 下等离子体处理 4min，依次关闭射频电源、真空泵后取出，立即放入丙烯酸溶液中，通氮气保护，70℃下水浴搅拌 3h，取出后，用水反复洗涤，风干后得到丙烯酸-木素接枝物。

(4) 将聚氨酯加入搅拌机中，转速 300r/min 下加入润湿分散剂、水、消泡剂、流平剂、成膜助剂，调节转速至 800r/min，搅拌 20min；加入步骤 (3) 得到的丙烯酸-木素接枝物，调节转速至 2400r/min，搅拌 30min；降低转速至 400r/min，加入固化剂后，搅拌 15min，得到蓄热水性聚氨酯涂料。

原料介绍

所述的柠檬酸溶液的浓度为 0.1mol/L，酶解木素与柠檬酸溶液的质量/体积为 1∶20。

所述的丙烯酸溶液的体积分数为 16%，木素与丙烯酸溶液的质量比为 1∶10。

所述的聚氨酯为水性聚氨酯分散体。

所述的润湿分散剂为非离子型润湿分散剂。

所述的消泡剂为二甲基己炔醇。

所述的流平剂为丙烯酸酯型流平剂。

所述的成膜助剂为二丙二醇丁醚或丙二醇丙醚。

所述的固化剂为水性多异氰酸酯。

产品应用 本品是一种蓄热水性聚氨酯涂料。

产品特性 松子壳是一种植物材料，含有大量木素、纤维素、半纤维素，其中木素能有效吸收红外辐射并转化成热量，因此具有很好的蓄热能力。本品将松子壳制成粉料后酶解，再通过柠檬酸酸解，从松子壳粉中分离出纯度较高的木素。不过木素呈亲水性，而聚氨酯基体呈疏水性，导致二者之间的相容性不佳，所以本品木素进行等离子体处理。处理后木素表面产生了自由基，同时增大了表面积，自由基在空气中产生了过氧自由基，放入丙烯酸溶液中与丙烯酸单体发生了接枝反应；由于丙烯酸单体呈疏水性，因此木素接枝后其亲水性变成了疏水性，与聚氨酯基体之间的相容性得到了较大的改善，二者之间形成了较强的界面结合，使得涂料的蓄热性能得到了很大的提高。此外，松子壳是人们食用松子之后产生的废弃物，廉价易得，降低了制备成本，而且变废为宝，具有很好的经济价值和环保价值。

配方 85 哑光水性涂料

原料配比

原料	配比（质量份）
低聚物多元醇	0.73
马来酸酐	0.27
甲基丙烯酸甲酯	0.35
羟基丙烯酸乙酯	0.24
羟基化纤维树脂	0.12
聚醚砜树脂	0.04
聚山梨酯	0.03
六偏磷酸钠	0.12
有机硅乳液	0.07
环氧基硅烷改性硅溶胶	0.03
交联聚乙烯	0.13
过氧化苯甲酸丁酯	0.36
硅酸钠	0.06
磷酸三聚氰胺	0.17
季戊四醇	0.18
硅酸铝纤维	0.09
二氧化硅	0.19
杀菌防腐剂	0.36
成膜助剂	0.07
水性聚氨酯树脂	0.16
丙烯酸酯	0.06
钛白粉	0.21
聚乙烯醇	0.24

续表

原料	配比（质量份）
轻质碳酸钙	0.44
滑石粉	0.36
石膏粉	0.37
二氧化钛	0.09
水性环氧改性树脂	0.26
水	加至100

制备方法

（1）配料：将哑光水性涂料各成分按质量比进行配料；

（2）在装有分水器的反应釜里加入低聚物多元醇，升温至81~85℃使之熔化，缓慢加入马来酸酐，然后升高温度到116~120℃反应，到分水器分水，冷却即得到马来酸酐改性的聚酯；

（3）在氮气环境下，以甲基丙烯酸甲酯和羟基丙烯酸乙酯为溶剂，将上述合成的马来酸酐改性的聚酯、亲水性小分子扩链剂和引发剂加入反应釜中，在搅拌状态下加热至82~86℃，反应45~55min，得到亲水性低羟值丙烯酸聚酯；

（4）向步骤（3）得到的丙烯酸聚酯中加入中和剂，使体系pH值达到7，然后在搅拌状态下加入水，使预聚体分散均匀，得到水性低羟值丙烯酸聚酯分散体；

（5）向步骤（4）得到的水性低羟值丙烯酸聚酯分散体中加入剩余原料并搅拌，同时加热至120~130℃，控制搅拌机转速为2100~2200r/min，混合时间为20~25min；

（6）将消泡剂、成膜助剂和pH调节剂依次加入步骤（5）得到的混合物中，将混合物pH值调为7.2~8.1；

（7）将步骤（6）得到的混合物进行高速研磨，高速研磨时间为10~12min；

（8）补水，并用黏度调节剂调节黏度至67~75KU，得到哑光水性涂料。

原料介绍

所述的杀菌防腐剂为四氯间苯二甲腈、5-氯-2-甲苯-4-异噻唑啉-3-酮、2-正辛基-4-异噻唑啉-3-酮中的至少2种的组合。

所述的成膜助剂为丙二醇、丙二醇甲醚、丙二醇甲醚乙酸酯、醇酯-12中的至少2种的组合。

所述的亲水性小分子扩链剂为二羟基羧酸、二羧基半酯或二羧基磺酸盐中的一种或多种。

所述的引发剂为BPO。

所述的中和剂为氨水。

产品应用 本品是一种哑光水性涂料。

产品特性

（1）本品具有耐高温、耐腐蚀的性能，适应各种场合的涂覆需求；

（2）本品不含有毒有机溶剂，无污染；

（3）漆面不会开裂，成膜后的漆膜用手搓也不会裂开；

（4）本品的抗老化、附着力强；

（5）由于加入了硅酸钠、磷酸三聚氰胺、二氧化硅等成分，使得水性涂料的隔热性能更好；

（6）有机硅乳液和环氧基硅烷改性硅溶胶相互作用，改善了涂料的性能，进一步提高漆膜的附着力、耐热性和强度，使该哑光水性涂料的漆膜的附着力强，冲击强度好，耐热性佳；

（7）由于加入了杀菌防腐剂，防止了霉、菌等侵蚀哑光水性涂料的涂覆面，延长了涂料寿命；

（8）制得的水性低羟值丙烯酸聚酯分散体羟值低，自消光性能好，在保证理想的哑光效果的同时，有效地减少哑光粉的用量。

配方 86　阳台外墙专用水性涂料

原料配比

原料	配比（质量份）
改性有机硅树脂	33
改性丙烯酸酯乳液	18
成膜助剂	7.5
钛白粉	15.8
消泡剂	0.38
分散剂	0.35
增稠剂	0.27
防腐剂	0.26
防霉剂	0.45
pH 调节剂	0.18
流平剂	0.26
消光剂	0.16
增塑剂	0.15
润湿剂	0.3
水	加至 100

制备方法

（1）准确称量上述配方，边搅拌边依次加入水、改性有机硅树脂、改性丙烯酸酯乳液、成膜助剂、钛白粉，搅拌分散 3～4h；

（2）向分散好的上述溶液中依次加入消泡剂、分散剂、增稠剂、防腐剂、防霉剂、pH 调节剂、流平剂、消光剂、增塑剂、润湿剂；

（3）过滤。

产品应用　本品主要用作阳台外墙专用水性涂料。

产品特性　本品附着力强、耐高温、耐水性、不易变色、实用性强。

配方 87 荧光水性涂料

原料配比

原料	配比（质量份）
荧光颜料乳剂	1.28
光稳定剂	0.68
杀菌防腐剂	0.37
成膜助剂	0.29
水性聚氨酯树脂	0.05
丙烯酸酯	0.06
桐油	0.15
钛白粉	0.27
聚乙烯醇	0.21
轻质碳酸钙	1.26
滑石粉	0.63
石膏粉	1.24
二氧化钛	0.23
硅烷化合物	0.18
瓜尔胶	0.43
氟树脂	1.17
水性环氧改性树脂	0.68
纯丙乳液	0.78
水	加至100

制备方法

（1）将各成分按预定的质量比混合并搅拌，同时加热至80～100℃，控制搅拌机转速为800～1000r/min，混合时间为15～25min；

（2）将消泡剂、成膜助剂和pH调节剂依次加入步骤（1）得到的混合物中，将混合物pH值调为7.5～8.7；

（3）将步骤（2）得到的混合物进行高速研磨，高速研磨时间为5～10min；

（4）过滤，得到荧光水性涂料。

原料介绍

所述的杀菌防腐剂的成分为含氮有机杂环化合物、四氯间苯二甲腈、5-氯-2-甲苯-4-异噻唑啉-3-酮、2-正辛基-4-异噻唑啉-3-酮。

所述的成膜助剂为丙二醇、丙二醇甲醚、丙二醇甲醚乙酸酯、醇酯-12中的至少2种的组合。

产品应用 本品是一种荧光水性涂料。

产品特性

（1）本品具有耐高温、耐腐蚀的性能，适应各种场合的涂覆需求；

（2）本产品不含有毒有机溶剂，无污染；

（3）漆面不会开裂，漆膜的拉伸率在300%以上，成膜后的漆膜用手搓也不会裂开；

（4）本产品抗老化、附着力强；

（5）由于加入了荧光颜料乳剂，涂料具有荧光效果，颜色更加明亮，装饰效果更好；

（6）由于加入了光稳定剂，防止荧光颜料褪色，保证了该荧光水性涂料的寿命；

（7）由于加入了杀菌防腐剂，防止了霉、菌等侵蚀荧光水性涂料的涂覆面，延长了涂料寿命。

配方 88 用于混凝土构筑物的水性防腐防水涂料

原料配比

原料		配比（质量份）								
		1#	2#	3#	4#	5#	6#	7#	8#	9#
水性耐腐蚀树脂	水性丙烯酸树脂	30	40	40	50	35	44	—	—	—
	叔碳酸乙烯酯	—	—	—	—	—	—	45	—	20
	聚三氟氯乙烯树脂	—	—	—	—	—	—	—	42	—
助剂	醇酯-12	2	4	5	2	3	3	3	2	4
	乙二醇	1	2	4	1.5	3	2	2	3	3
	DOP	2	3	4	2	3.5	2	3	3	3.5
助剂	水	4	5	6	4	7	6	6	6	7
	流平剂	0.2	0.2	0.2	0.1	0.1	0.1	0.1	0.2	0.1
	消泡剂	0.1	0.1	0.1	0.1	0.1	0.2	0.2	0.1	0.1
	抗沉剂	0.2	0.2	0.1	0.1	0.1	0.2	0.2	0.2	0.1
固化剂	G级水泥	25	18	21	17	20	21	20	20	19
	石膏	5	3	4	3	3	2	2	3	3
无机防腐填料	偏高岭土	6	5	3	4	6	4	—	—	6
	灰钙粉	6	5	3	4	5	5	—	6	—
	玻璃鳞片	8	6	4	5	6	3	3	4	6
	二氧化硅	10	8	5	7	8	7	—	—	8
	硅灰	—	—	—	—	—	—	10	10	—
	重质碳酸钙粉	—	—	—	—	—	—	5	—	5
助剂增强纤维	聚丙烯纤维	—	—	0.1	—	0.1	0.3	0.3	0.2	0.1
	聚乙烯纤维	0.3	0.3	0.2	0.1	—	—	—	—	—
助剂增稠剂	聚丙基甲基纤维素	—	—	0.2	0.1	—	—	—	—	—
	羟乙基纤维素	0.2	0.2	0.1	—	0.1	0.2	0.2	0.3	0.1

制备方法 将各组分原料混合均匀即可。

产品应用 本品是一种主要用于混凝土构筑物的水性防腐防水涂料。

产品特性

(1) 本品是水性涂料，涂料成膜后为柔性材料，涂刷在混凝土构筑物上可渗透0.2~0.3mm以上，对混凝土的微细裂纹有很好的修复和抵抗作用。

(2) 本品与混凝土构筑物黏结强度达0.6MPa以上，延伸率在200%以上，抗拉强度在1.2MPa以上。本产品还具有优良的耐化学介质、耐臭氧氧化以及耐大气老化性能，能够耐5%盐酸、5%硫酸、10%氢氧化钠、饱和氯化钠、矿物油的腐蚀，从而提高混凝土构筑物的防腐性能。

(3) 本品防水性能优良，耐长期水浸泡，既可作为防水防渗材料，又可防止混凝土构筑物受酸、碱、盐、矿物油等的腐蚀，是一种理想的混凝土构筑物的防护材料。

配方89 用于阳台外墙的水性涂料

原料配比

原料	配比（质量份）
改性有机硅树脂	33
聚酰亚胺	20
丙烯酸乳液	8
钛白粉	17.8
消泡剂	0.28
分散剂	0.25
增稠剂	0.37
防腐剂	0.2
防霉剂	0.4
成膜助剂	5
pH调节剂	0.16
流平剂	0.16
消光剂	0.15
水	加至100

制备方法

(1) 准确称量上述配方，边搅拌边依次加入改性有机硅树脂、聚酰亚胺、丙烯酸乳液、水，搅拌分散3~4h；

(2) 向分散好的上述溶液中依次加入钛白粉、消泡剂、分散剂、增稠剂、防腐剂、防霉剂、成膜助剂、流平剂、pH调节剂、消光剂、颜料，搅拌分散均匀；

(3) 过滤。

产品应用 本品是一种用于阳台外墙的水性涂料。

产品特性 本品附着力强、耐高温、耐水、不易变色、实用性强。

配方 90 自洁隔热仿石水性涂料

原料配比

原料		配比（质量份）					
		1#	2#	3#	4#	5#	6#
水		12	15	13	14	15	14.5
2,2,4-三甲基-1,3-戊二醇单异丁酸酯		0.9	0.9	0.9	0.9	0.9	0.9
C_{12} ~ C_{14}脂肪醇聚氧乙烯醚		0.09	0.09	0.09	0.09	0.09	0.09
纳米掺锑氧化锡粉		2.5	1.9	2.9	2.9	2.9	2.9
纳米二氧化钛复合材料		1.8	0.7	1.2	1.8	1.2	1.3
空心玻璃微珠		5.25	5.25	5.85	5.25	5.85	5.75
陶瓷微粉		3.3	3.8	3.3	3.3	3.3	3.3
不同粒径的花岗岩彩砂		17.25	17.75	18.75	17.75	18.75	17.75
不同粒径的花岗岩彩砂	20 ~ 40 目	15	15	15	15	15	15
	40 ~ 80 目	65	65	65	65	65	65
	80 ~ 120 目	20	20	20	20	20	20
色片保护胶液		28.24	28.16	28.2	28.24	26.16	25.68
自交联核壳结构的硅丙乳液		27.75	25.85	25.25	25.25	25.25	27.25
AMP-95 多功能剂③		0.10	0.10	0.10	0.10	0.10	0.10
RM-8W 聚氨酯流变剂		0.42	0.50	0.32	0.42	0.50	0.48
色片保护胶液	水	5.5	6	5.5	6	5.5	6
	活性硅酸镁铝	0.008	0.01	0.008	0.01	0.008	0.01
	基础色漆 1	2.8	2.8	2.8	2.8	2.8	2.8
	基础色漆 2	1	0.5	1	0.5	1	0.5
	基础色漆 3	0.22	0.1	0.22	0.1	0.22	0.1
	基础色漆 4	0.4	0.5	0.4	0.5	0.4	0.5
基础色漆 1	水	9.5	9.5	9.5	9.5	9.5	9.5
	二元醇醚	0.8	0.8	0.8	0.8	0.8	0.8
	羟乙基纤维素	0.4	0.4	0.4	0.4	0.4	0.4
	AMP-95 多功能剂①	0.2	0.2	0.2	0.2	0.2	0.2
	聚丙烯酸铵盐	0.25	0.25	0.25	0.25	0.25	0.25
	阴离子聚羧酸铵盐	0.1	0.1	0.1	0.1	0.1	0.1
	1200 目高岭土	3.5	3.5	3.5	3.5	3.5	3.5
	活性硅酸镁铝	0.25	0.25	0.25	0.25	0.25	0.25
	80 ~ 120 目的花岗岩彩砂	5.5	5.5	5.5	5.5	5.5	5.5

续表

原料		配比（质量份）					
		1#	2#	3#	4#	5#	6#
基础色漆1	自交联核壳结构的纯丙弹性乳液	15.5	15.5	15.5	15.5	15.5	15.5
	无机氧化铁红水性色浆	1.5	1.5	1.5	1.5	1.5	1.5
	AMP-95多功能剂②	0.08	0.08	0.08	0.08	0.08	0.08
	TT-935碱溶胀增稠剂	0.15	0.15	0.15	0.15	0.15	0.15
基础色漆2	水	9.5	9.5	9.5	9.5	9.5	9.5
	二元醇醚	0.7	0.7	0.7	0.7	0.7	0.7
	羟乙基纤维素	0.4	0.4	0.4	0.4	0.4	0.4
	AMP-95多功能剂①	0.2	0.2	0.2	0.2	0.2	0.2
	聚丙烯酸铵盐	0.25	0.25	0.25	0.25	0.25	0.25
	阴离子聚羧酸铵盐	0.1	0.1	0.1	0.1	0.1	0.1
	1200目高岭土	3.5	3.5	3.5	3.5	3.5	3.5
	活性硅酸镁铝	0.35	0.35	0.35	0.35	0.35	0.35
	80~120目的花岗岩彩砂	5.5	5.5	5.5	5.5	5.5	5.5
	自交联核壳结构的纯丙弹性乳液	14.5	14.5	14.5	14.5	14.5	14.5
	无机氧化铁黄水性色浆	2.0	2.0	2.0	2.0	2.0	2.0
	AMP-95多功能剂②	0.08	0.08	0.08	0.08	0.08	0.08
	TT-935碱溶胀增稠剂	0.15	0.15	0.15	0.15	0.15	0.15
基础色漆3	水	8.3	8.3	8.3	8.3	8.3	8.3
	二元醇醚	0.9	0.9	0.9	0.9	0.9	0.9
	羟乙基纤维素	0.4	0.4	0.4	0.4	0.4	0.4
	AMP-95多功能剂①	0.2	0.2	0.2	0.2	0.2	0.2
	聚丙烯酸铵盐	0.25	0.25	0.25	0.25	0.25	0.25
	阴离子聚羧酸铵盐	0.1	0.1	0.1	0.1	0.1	0.1
	1200目高岭土	3.5	3.5	3.5	3.5	3.5	3.5

续表

原料		配比（质量份）					
		1#	2#	3#	4#	5#	6#
基础色漆3	活性硅酸镁铝	0.35	0.35	0.35	0.35	0.35	0.35
	80～120目的花岗岩彩砂	5.5	5.5	5.5	5.5	5.5	5.5
	自交联核壳结构的纯丙弹性乳液	15	15	15	15	15	15
	炭黑水性色浆	0.3	0.3	0.3	0.3	0.3	0.3
	AMP-95多功能剂②	0.08	0.08	0.08	0.08	0.08	0.08
	TT-935碱溶胀增稠剂	0.15	0.15	0.15	0.15	0.15	0.15
基础色漆4	水	8.5	8.5	8.5	8.5	8.5	8.5
	二元醇醚	0.7	0.7	0.7	0.7	0.7	0.7
	羟乙基纤维素	0.4	0.4	0.4	0.4	0.4	0.4
	AMP-95多功能剂①	0.2	0.2	0.2	0.2	0.2	0.2
	聚丙烯酸铵盐	0.25	0.25	0.25	0.25	0.25	0.25
	金红石型钛白粉	0.2	0.2	0.2	0.2	0.2	0.2
	阴离子聚羧酸铵盐	0.1	0.1	0.1	0.1	0.1	0.1
	1200目高岭土	5	5	5	5	5	5
	活性硅酸镁铝	0.25	0.25	0.25	0.25	0.25	0.25
	80～120目的花岗岩彩砂	4.3	4.3	4.3	4.3	4.3	4.3
	自交联核壳结构的纯丙弹性乳液	15.2	15.2	15.2	15.2	15.2	15.2
	AMP-95多功能剂②	0.08	0.08	0.08	0.08	0.08	0.08
	TT-935碱溶胀增稠剂	0.15	0.15	0.15	0.15	0.15	0.15

制备方法

（1）制备基础色漆：在装有高速分散机的分散锅中，在350～550r/min的搅拌速度下依次称重加入8～10份水、0.7～1.2份二元醇醚、0.1～1.0份羟乙基纤维素、0.1～0.5份酸碱调节稳定剂、0.2～0.5份铵盐分散剂、0～0.5份金红石型钛白粉、3～5份1200目高岭土，0.1～0.4份硅酸镁铝类保护稳定剂，搅匀润湿后以1200～1250r/min的速度分散15～25min；当细度小于15μm时，称重加入4～10份不同颜色、粒径的花岗岩彩砂、12～16份自交联核壳结构的纯丙弹性乳液，搅匀，再加入0～3份水性色浆，根据花岗岩颜色分批调色，用0.05～0.1份酸碱调节稳定剂、0.1～0.5份增稠剂调节酸碱度和黏度，制得基础色漆。

（2）制备色片保护胶液：在装有叶片锚式切片机的不锈钢分散锅中，在150～300r/min的搅拌速度下依次称重加入水、硅酸镁铝类保护稳定剂，搅匀，再加入步骤（1）中制备得到的基础色漆；其中加入水、硅酸镁铝类保护稳定剂和基础色漆的质量比例为（50～65）:（0.05～0.1）:（35～50），控制搅拌速度为50～500r/min，搅拌时间为5～30min，制备所需形状、大小、厚薄的色片保护胶液。

（3）制备自洁隔热仿石水性涂料：在装有三轮搅拌桨的不锈钢分散锅中，在300～500r/min的搅拌速度下依次称重加入12～15份水、0.5～1.0份2,2,4-三甲基-1,3-戊二醇单异丁酸酯、0.05～0.1份聚氧乙烯醚类分散剂、1～3份纳米掺杂氧化物粉、0.5～2份纳米二氧化钛复合材料，搅匀润湿后以1200～1250r/min的速度分散15～25min；当细度小于25μm时，称重加入4～6份空心玻璃微珠、2～5份陶瓷微粉、10～20份不同颜色、粒径的花岗岩彩砂，搅匀，再加入25～29份步骤（2）中制备得到的色片保护胶液、15～30份自交联核壳结构的硅丙乳液、0.05～0.1份酸碱调节稳定剂，最后用0.2～0.5份流变剂调节酸碱度和黏度，制得自洁隔热仿石水性涂料。

原料介绍

所述色片保护胶液中的基础色漆可以是一种颜色的基础色漆，也可以是多种不同颜色基础色漆的混合物。

所述硅酸镁铝类保护稳定剂为活性硅酸镁铝、铝镁改性蒙脱土等。

所述纳米掺杂氧化物粉为纳米掺锑氧化锡、纳米掺铝氧化锌等。

所述水性色浆为氧化铁水性色浆、炭黑水性色浆、稳定型酞菁蓝水性色浆、坚固红水性色浆等。

所述聚氧乙烯醚类分散剂为C_{12}～C_{14}脂肪醇聚氧乙烯醚、辛基酚聚氧乙烯醚等。

所述铵盐分散剂由0.1～0.3份聚丙烯酸铵盐和0.1～0.2份阴离子聚羧酸铵盐组成。

所述流变助剂为RM-8W聚氨酯流变剂。

所述酸碱调节稳定剂为AMP-95多功能剂。

所述增稠剂为TT-935碱溶胀增稠剂。

产品应用 本品主要用作建筑外墙涂料。

产品特性

（1）本品采用自交联核壳结构的纯丙弹性乳液作涂料的色片成膜物，自交联硅丙乳液作涂料连续相主成膜物，以2,2,4-三甲基-1,3-戊二醇单异丁酸酯、二元醇醚软化和紫外光交联固化成膜形成网状结构，达到牢固附着力、优异弹性和表层低表面能的效果。以纳米二氧化钛复合材料、空心玻璃微珠、陶瓷微粉、纳米掺杂氧化物粉作隔热功能填料，通过硅酸镁铝类保护稳定剂实现色粒间吸附分离稳定，配以不同颜色粒径的天然彩砂和分散剂、羟乙基纤维素、酸碱调节稳定剂、流变剂和增稠剂等助剂平衡，使涂料获得良好的储存稳定性、开罐稳定性、优异的施工性，能通过不同工具、工艺的施工，涂层表面体现出不同质感的花岗岩原貌和仿真效果。表层形成超疏水的低表面能，在雨水冲洗下极易在表面滚动滑落并带走环境污染和酸雨作用的污物。以不同粒径的彩砂、空心玻璃微珠、陶瓷微粉、纳米掺杂氧化物粉和空隙等为主形成的涂层结构，有着极好的低导热特性和高红外反射率，满足建筑外墙隔热效果。

（2）本品的制备方法通过分别添加不同量的硅酸镁铝类保护稳定剂于基础色漆和色片保护胶液中，与分散剂、酸碱调节稳定剂和增稠剂等助剂协同，以达到连续相与色片间电荷吸附与排出平衡，确保涂料储存稳定和施工性；通过分次工序添加不同量的花岗岩彩砂，突出涂层质感和石材仿真性。

（3）本品施工简单，不含 APEO，涂层质感逼真、牢固耐久、自洁亮丽、隔热节能，产品大部采用天然原料、纯水性化、施工中无不良反应，易清洗、无污染，性能优异。

参考文献

中国专利公告

CN－201610175409. 6

CN－201110114225. 6

CN－201010510566. 0

CN－201510763889. 3

CN－201510592511. 1

CN－201610236237. 9

CN－201510592443. 9

CN－201510592509. 4

CN－201610175403. 9

CN－201511000649. 4

CN－201510892895. 9

CN－200510035115. 5

CN－201610236314. 0

CN－201610348562. 4

CN－200410065241. 0

CN－200610014514. 8

CN－201110123361. 1

CN－200910199662. 5

CN－201510881805. 6

CN－200710031398. 5

CN－201510626414. X

CN－201610124360. 1

CN－201010196704. 2

CN－201510604605. 6

CN－201510604604. 1

CN－201510602974. 1

CN－200910074029. 3

CN－201610262537. 4

CN－201510602975. 6

CN－201510602910. 1

CN－201510632232. 3

CN－200610035997. X

CN－200910245044. X

CN－201610251836. 8

CN－201510812167. 2

CN－200610034208. 0

CN－201610335361. 0

CN－201510682485. 1

CN－200910192124. 3

CN－200510046435. 0

CN－200810228085. 3

CN－201510603022. 1

CN－201010191362. 5

CN－201510581936. 2

CN－201510602971. 8

CN－201610166376. 9

CN－201610039279. 3

CN－201510843495. 9

CN－201610180871. 5

CN－201510961899. 8

CN－201010248572. 3

CN－201610365107. 5

CN－201510576195. 9

CN－201510669555. X

CN－201510943526. 8

CN－201510792022. 0

CN－201510565000. 0

CN－201610204679. 5

CN－201510998484. 8

CN－201510791793. 8

CN－201510709553. 9

CN－201510709467. 8

CN－201610235415. 6

CN－201510709272. 3

CN－201610153323. 3

CN－201510730565. X

CN－201610155518. 1

CN－201610273495. 4

CN－201610203777. 7

CN－201510944523. 6

CN－201610274058. 4

CN－201510679505. X

CN－201610016207. 7

CN－201510976681. X

CN－201510821893. 0

CN－201510613353. 3

CN－201610297196. 4

CN－201510752292. 9

CN－201510705525. X

CN－201610405435. 3

CN－201510649907. 5

CN－201511002365. 9

CN－201610091598. 9

CN－201511009184. 9

CN－201010550164. 3

CN－201010531413. 4

CN－200910106434. 9

CN－200910242172. 9

CN－200810023708. 3

CN－201010179816. 7

CN－200710075800. X
CN－200910248588. 1
CN－200710027813. X
CN－201610039661. 4
CN－201610093192. 4
CN－201510887069. 5
CN－201610488494. 1
CN－201510743483. 9
CN－201510795158. 7
CN－201511010441. 0
CN－201510678644. 0
CN－201610202318. 7
CN－201510631185. 0
CN－200910061572. X
CN－201010160420. 8
CN－200810038491. 3
CN－201010159219. 8
CN－200710047826. 3
CN－201510626878. 0
CN－201510872281. 4
CN－201510986915. 9
CN－201510743811. 5
CN－201610124345. 7
CN－201511014714. 9
CN－201510967002. 2
CN－201610039238. 4
CN－201510649948. 4
CN－201610091587. 0
CN－201510988299. 0
CN－200910063778. 6
CN－201010132532. 2
CN－201010146105. X
CN－200910042207. 4
CN－201510817247. 7
CN－201610310930. 6
CN－201610403878. 9
CN－201510626877. 6
CN－201510709484. 1
CN－201610339259. 8
CN－201510592455. 1
CN－201610165129. 7
CN－201510709337. 4
CN－201511008823. X
CN－201511008825. 9
CN－201510709276. 1
CN－201610428464. 1
CN－201511008376. 8
CN－201610390094. 7